绝缘层表面能对有机晶体管迁移率的调控分析及应用

周淑君　著

北　京
冶　金　工　业　出　版　社
2023

内 容 提 要

本书主要介绍了通过分析在不同绝缘层制备的有机场效应晶体管性能，得出绝缘层与半导体层表面能匹配可以提高场效应迁移率的规律。全书共 4 章，具体内容包括：有机场效应晶体管简介及发展现状分析，Ph5T2 单晶场效应晶体管的制备及其性能分析，表面能匹配对于不同单晶材料普适性的讨论，以及利用表面能匹配为指导制备高迁移率 DNTT 单晶场效应晶体管等。

本书可供从事有机半导体材料合成和性能研究的技术开发和科研人员阅读，也可供从事有机场效应晶体管制备及其应用的科研院所师生参考。

图书在版编目(CIP)数据

绝缘层表面能对有机晶体管迁移率的调控分析及应用/周淑君著．—北京：冶金工业出版社，2023.8

ISBN 978-7-5024-9623-4

Ⅰ.①绝…　Ⅱ.①周…　Ⅲ.①场效应晶体管—研究　Ⅳ.①TN386

中国国家版本馆 CIP 数据核字(2023)第 163272 号

绝缘层表面能对有机晶体管迁移率的调控分析及应用

出版发行 冶金工业出版社　　**电　　话** (010)64027926

地　　址 北京市东城区嵩祝院北巷 39 号　　**邮　　编** 100009

网　　址 www.mip1953.com　　**电子信箱** service@mip1953.com

责任编辑　姜恺宁　美术编辑　吕欣童　版式设计　郑小利

责任校对　葛新霞　责任印制　窦　唯

三河市双峰印刷装订有限公司印刷

2023 年 8 月第 1 版，2023 年 8 月第 1 次印刷

710mm×1000mm　1/16；7.75 印张；148 千字；115 页

定价 69.00 元

投稿电话　(010)64027932　投稿信箱　tougao@cnmip.com.cn

营销中心电话　(010)64044283

冶金工业出版社天猫旗舰店　yjgycbs.tmall.com

(本书如有印装质量问题，本社营销中心负责退换)

前　　言

场效应迁移率是评价有机半导体材料和晶体管器件性能的重要指标之一，决定了器件的开关速度、驱动能力和器件尺寸，器件的迁移率越高，其应用领域越广。目前，绝缘层表面修饰是提高场效应晶体管器件迁移率的主要方式之一。探究绝缘层表面性质对有机场效应晶体管器件迁移率的影响规律，对于制备高迁移率器件具有重要意义。

本书首先利用物理气相输运法生长超薄的 Ph5T2 单晶，通过机械转移的方式在八种绝缘层上制备了单晶场效应晶体管，研究绝缘层表面性质对 Ph5T2 单晶器件迁移率的影响规律。其次，为了验证上述规律的普适性，选择传统的并五苯和酞菁锌单晶，并在不同表面能的绝缘层上制备其单晶场效应晶体管，以进行性能分析。最后，以发现的实验规律为指导，制备了目前所见报道最高迁移率的 DNTT 单晶场效应晶体管，反映了材料的本征性能和规律的正确性。

高迁移率且性能稳定的有机场效应晶体管可以拓宽其在电子产品中的实际应用。本书通过大量实验得出的经验规律对后续提高有机场效应器件性能在筛选绝缘层方面提供了优化方向，并对其实际应用提供了更多可能，从而有力推动有机半导体电子学的发展。

本书内容涉及的研究课题包括辽宁省教育厅青年科技人才“育苗”项目“高迁移率有机单晶场效应晶体管的制备与机理研究”（项目编号：LQ2020016）、渤海大学校内博士启动基金项目“界面张力对有机场效应晶体管中载流子传输的机理探究”（项目编号：0520bs004）、辽宁省委组织部青年拔尖人才项目“基于范德瓦尔斯层状半导体的电声子输运调控以及热电性质研究”（项目编号：XLYC2007120）。

本书的出版得到了辽宁省教育厅、渤海大学和东北师范大学的大力支持。在编写过程中，东北师范大学汤庆鑫教授、童艳红教授、赵晓丽副教授给予了充分指导，渤海大学修晓明教授、张开成教授、董海宽副教授、王春艳副教授、计彦强副教授、尹洪杰博士、齐猛博士给予了充分支持和帮助。在此，向支持本书出版的单位和个人表示由衷的感谢。

由于作者水平有限，书中欠妥之处恳请各位读者不吝赐教。

作　者
2023年3月

目　　录

1 绪　论

晶体管作为计算机和集成电路的基本单元，是20世纪人类最伟大的发明之一。1930年，Julius Edgar Lilienfeld和Heil提出了场效应晶体管的基本原理是依靠一个强的电场，在半导体的表面引发一种电流，然后通过控制这个强电场的强度来控制半导体表面电流的大小[1-3]。贝尔实验室的威廉·肖克莱（William Shockley）、沃尔特·布拉顿（Walter Brattain）和约翰·巴丁（John Bardeen）开始从事半导体材料研究工作，并对场效应晶体管进行深入分析讨论[4]。从1939年到1945年，肖克莱先后提出过许多关于场效应晶体管的设计方案，但由于各种原因，相关的实验最终都没有取得成功。直到1947年，布拉顿的一个实验才终于证明了场效应确实有可能起作用。随后巴丁和布拉顿又在同年成功制备出双点接触式晶体管，它标志着一个新时代的开始。由于晶体管可以像真空管一样把信号放大，然而其工作电流很小，产生的热量也很少，体积更是比真空管要小得多，因此晶体管一问世，就立即引起了科研工作者的重视，这一发明在当时也被誉为“本世纪的主要发明”。而肖克莱、布拉顿和巴丁也因此获得了1956年的诺贝尔物理学奖。

1960年，贝尔实验室的John Atalla和Dawon Kahng成功研制出第一个硅基的金属-氧化物-半导体场效应晶体管（metal-oxide-semiconductor field-effect transistors，MOSFETs），由此基于无机半导体的场效应晶体管开始被科研工作者广泛研究和讨论，并逐渐趋于成熟。经过数十年的飞速发展，晶体管的大规模生产已成为电子工业革新的一个重大突破，也促进了今天电子通信和人工智能的飞速进步，这将人们完全带入了一个信息化的时代，让生活变得更信息化、网络化、自动化和智能化[5]。

20世纪初期，半导体性质可重复性差，分析原因不是取决于半导体材料本身，而是取决于污染物的种类和数量。20世纪中期，硅晶体管的诞生进一步提高了半导体器件的工作稳定性，更刺激了晶体管的理论分析和应用市场。在21世纪以前，人们一直认为硅基电子是不可能被取代的。直到1977年，美国宾州大学的阿兰·西爵（Alan J. Heeger）、阿兰·麦克达尔密（Alan G. MacDiarmid）和白川英树（Hideki Shirakawa）合作合成了导电聚乙炔，其导电性可与金属铜相媲美[6]。三位科学家也因发现了这种被称作“有机电子”的导电聚合物而获得了2000年的诺贝尔化学奖，从此开创了有机电子的新时代。1986年，三菱电机

A. Tsumura 等人首次采用聚噻吩作为有源层制备了聚噻吩薄膜晶体管[7]，其迁移率约为 10^{-5} cm^2/(V·s)，开关比约为 $10^2 \sim 10^3$，掀起了有机场效应晶体管（organic field-effect transistors，OFETs）的研究热潮。

与无机材料相比，有机材料不仅具有独特的光电特性，还具有成本低、功耗小、质量轻、制备方法简单、易大面积制备和可与柔性衬底兼容等优势[8-11]，而且有机材料的电学性质可以通过引入侧链或取代基等方式调制。因此有机材料在下一代逻辑电路等领域都具有潜在的广泛应用，先后涌现出大量基于有机材料的电子产品。图 1-1（a)(b）所示依次为印刷电路和柔性屏幕电话。截至目前有机电子学主要的理论分析和应用领域包括逻辑电路、柔性显示、存储器以及传感器等方面[12-16]，而这些应用的基础和核心元素之一便是有机场效应晶体管。

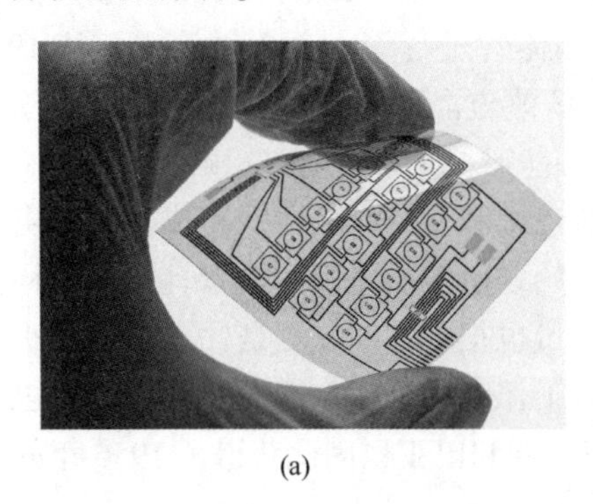

(a)

(b)

图 1-1 有机材料在柔性电子产品中的应用

1.1 场效应晶体管简介

1.1.1 场效应晶体管的基本原理

场效应晶体管（field-effect transistors，FETs）是通过栅极电压绝缘层调控源漏电极之间电流，进而反映半导体材料导电性能的有源器件。图 1-2 所示是场效应晶体管的基本结构，主要由源极（Source)、漏极（Drain）和栅极（Gate）三个电极，以及半导体层和绝缘层五部分构成。场效应器件在工作时，导电沟道位于半导体内紧靠绝缘层的一个或几个分子层内[17,18]。半导体层通过绝缘层与栅极分开，场效应晶体管可以看作由半导体层和栅极构成的平行板电容器。其中半导体层内的导电沟道作为平板电容器的一个极板，栅极则作为另一个极板。当在栅极施加栅极电压（V_G）后，在半导体层中的导电沟道附近会感应出电荷，然后在源漏电极之间施加一定的源漏电压（V_{SD}）时，这些感应出来的电荷就会参与导电，形成导电沟道。场效应晶体管在加 V_G 与不加时相比，半导体层中的电阻率会发生量级的变化，可以通过调节外加的 V_G 来调控导电沟道中的载流子密度。

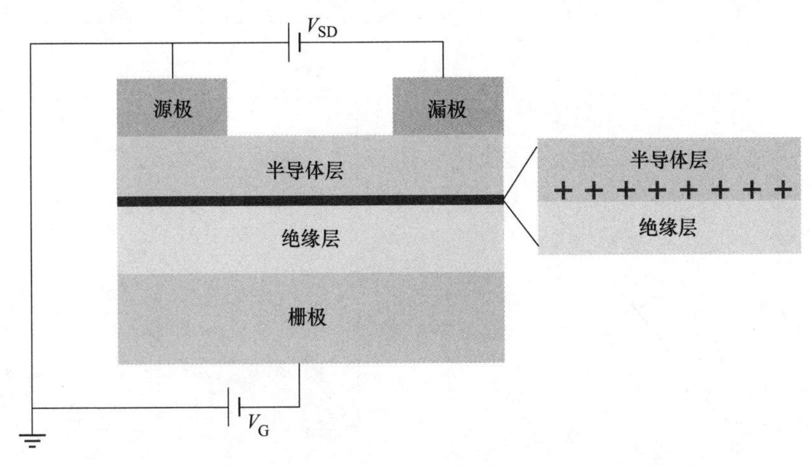

图 1-2 场效应晶体管的基本结构及其工作时导电沟道位置

1.1.2 场效应晶体管的基本参数

1.1.2.1 特性曲线

场效应晶体管的特性曲线包括转移特性曲线（$I_{SD}-V_G$）和输出特性曲线（$I_{SD}-V_{SD}$）。以 p 型有机场效应晶体管为例，如图 1-3（a）所示，在固定的源漏电压下，源漏电流随栅压变化的曲线称为场效应晶体管的转移特性曲线。如图 1-3（b）所示，在不同栅压下，源漏电流随源漏电压的变化曲线称为场效应晶体管的输出特性曲线。首先要获得场效应晶体管的两个特性曲线，然后对特性曲线进行拟合和计算以获得场效应晶体管的四个特性参数：场效应迁移率（μ）、电流开关比（I_{on}/I_{off}）、阈值电压（V_T）和亚阈值斜率（S）。

如图 1-3（b）所示，虚线左侧区域对应器件的线性区，虚线右侧区域则对应器件的饱和区，通常可以根据输出特性曲线得出器件的线性区和饱和区。当器件工作在线性区时，在不同栅压下，源漏电流随着源漏电压的增加而线性地增加。

如图 1-4（a）所示，当栅极电压大于阈值电压时，施加一个小的源漏电压（$|V_{SD}|<|V_G-V_T|$），场效应晶体管工作在线性区。此时整个导电沟道形成足够多的感应电荷，源漏电压均匀降落在导电沟道中，呈斜线形分布。在漏极附近，当导电沟道达到开启程度后，漏源电极之间会有电流通过，这个电流就是线性区的源漏电流 I_{SD}，可通过式（1-1）来计算[19]：

$$I_{SD} = \frac{W}{L}\mu C_i(V_G - V_T)V_{SD} \tag{1-1}$$

式中，W 为导电沟道的沟道宽度；L 为沟道长度；μ 为载流子的场效应迁移率；C_i为绝缘层单位面积的电容；V_G、V_T和 V_{SD}分别为栅极电压、阈值电压和源漏电压。

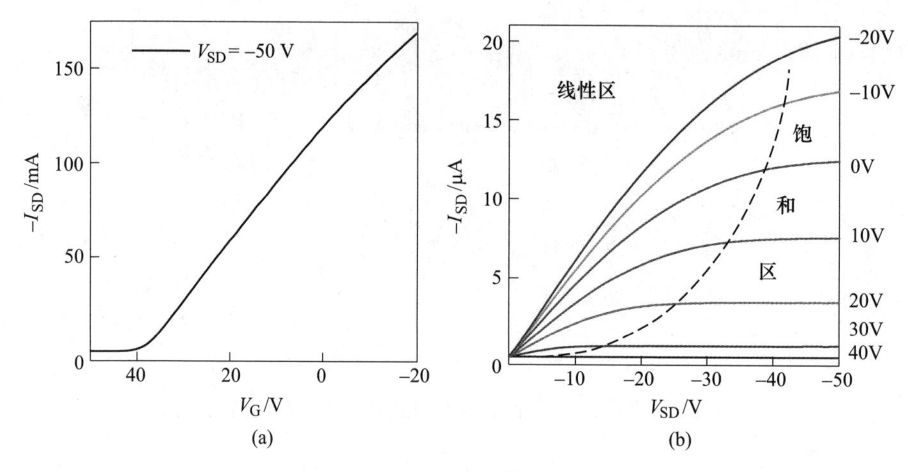

图 1-3 场效应晶体管特性曲线

（a）转移特性曲线；（b）输出特性曲线

如图 1-4（b）所示，当源漏电压$|V_{SD}| = |V_G - V_T|$时，在漏极接触处的电场为零，器件处于预夹断状态，在输出曲线中表现的是线性区与饱和区的拐点。如图 1-4（c）所示，源漏电压继续增加，当$|V_{SD}| > |V_G - V_T|$时，预夹断区域变长并趋向源极，与漏极接触的区域附近则不再感应出自由的载流子，这称为夹断效应。此时源漏电压逐渐增加，而电压增加的部分基本在随之变长的夹断沟道上，导致源漏电流（I_{SD}）基本保持不变，这时场效应器件工作在饱和区（图1-3（b）中虚线右侧区域）。饱和区的源漏电流可由式（1-2）计算[19]：

$$I_{SD} = \frac{W}{2L}\mu C_i(V_G - V_T)^2 \tag{1-2}$$

式中，W 为导电沟道的沟道宽度；L 为沟道长度；μ 为载流子的场效应迁移率；C_i为绝缘层单位面积的电容；V_G和 V_T分别为栅极电压和阈值电压。

1.1.2.2 场效应迁移率

载流子的场效应迁移率是指在单位电场作用下载流子的平均漂移速度，单位是 $cm^2/(V \cdot s)$，它决定了器件的开关速度，也是场效应晶体管最重要的两个特性参数之一（另一个为电流开关比）[20]。对于场效应器件，迁移率越大越好，表明电子或空穴在半导体内的迁移能力越强。

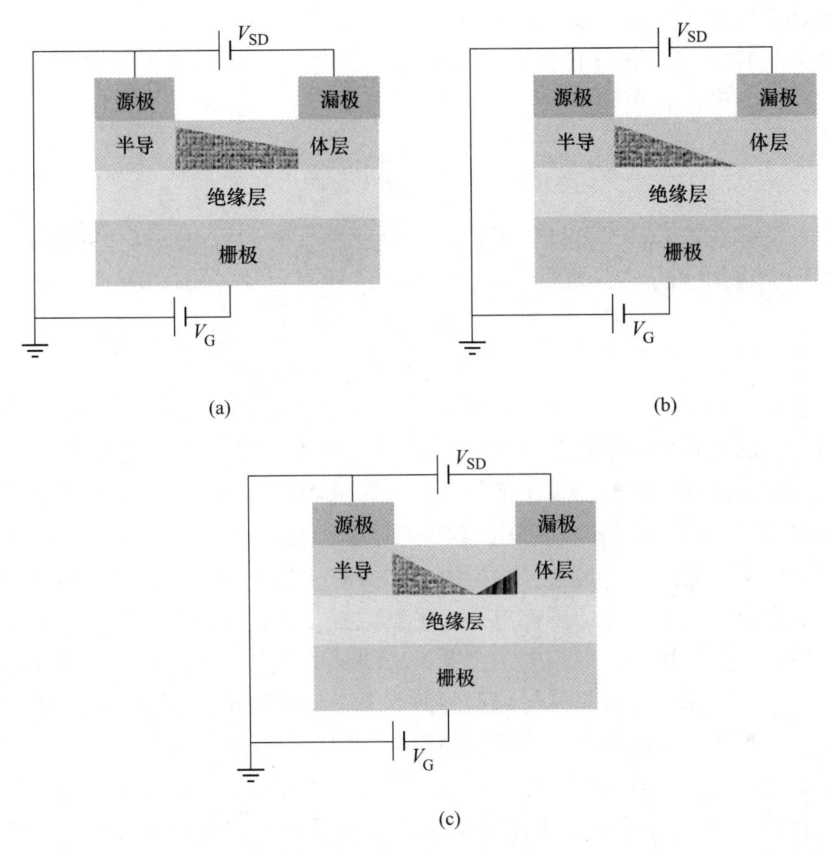

图 1-4 栅极电压大于阈值电压固定值的情况下导电沟道随源漏电压的变化情况
（a） $|V_{SD}|<|V_G-V_T|$；（b） $|V_{SD}|=|V_G-V_T|$；（c） $|V_{SD}|>|V_G-V_T|$

场效应迁移率可以通过对转移曲线进行线性拟合后计算得到。一般有以下两种估算的方法，第一种方法是对转移曲线的线性区利用式（1-1）进行线性拟合，将拟合后得到的曲线斜率 $\frac{\partial I_{SD}}{\partial V_G}$，代入式（1-3）中进行计算：

$$\mu = \frac{L}{WC_i V_{SD}} \frac{\partial I_{SD}}{\partial V_G} \tag{1-3}$$

就可以获得场效应器件工作在线性区时的迁移率。由于器件工作在线性区，电导率和迁移率有如下的关系：$\sigma = nq\mu$，其中，n 为电场感应出的可移动电荷的密度；q 为电荷量；μ 为载流子迁移率。由公式可以看出电导率 σ 随着电荷密度 n 呈线性变化的关系。因此场效应器件线性区的迁移率也可以通过输出曲线线性区进行计算。首先选出两条不同栅极电压下的输出曲线，分别将两条曲线线性区部分中任意一点的坐标代入式（1-1），列出关于迁移率和阈值电压的方程组，就可以获得场效应器件工作在线性区时的迁移率和阈值电压。

另外一种方法，通过转移曲线饱和区部分进行计算，首先需要把式（1-2）等号左右两侧开方，可得：

$$\sqrt{|I_{\mathrm{SD}}|} = \sqrt{\frac{WC_{\mathrm{i}}}{2L}\mu}(V_{\mathrm{G}} - V_{\mathrm{T}}) \tag{1-4}$$

根据器件工作在饱和区的实验数据可以获得$|I_{\mathrm{SD}}|^{1/2}$随栅极电压变化的曲线，对曲线做切线，将切线的斜率代入式（1-5）可获得器件工作在饱和区的迁移率。

$$\mu = \frac{2L}{WC_{\mathrm{i}}}\left(\frac{\partial I_{\mathrm{SD}}}{\partial V_{\mathrm{G}}}\right)^2 \tag{1-5}$$

对于同一个器件，一般在饱和区计算的迁移率要大于线性区计算的迁移率。两区域计算的迁移率越接近，说明电极接触对器件性能的影响越小[21]。半导体材料中的载流子在传输时会发生散射，这会影响场效应器件的迁移率。而且散射机构有很多种，其中晶格振动和电离杂质是两个最重要的散射机构[22]。在一个半导体晶体中，它的格点原子、内层电子和共有化价电子都在独自做着各自的运动。一般来说，每个格点原子都有一个平衡位置，其运动主要表现为以这个平衡位置为中心的简谐振动；内层电子主要做着绕核的运动；而共有化价电子却可以在整个晶体中运动，随着晶体外部温度的升高，这些粒子的运动会更加剧烈。可以想象，当载流子以高速在不停振动的格点之间穿行时，会与格点上的原子发生碰撞，而且载流子和载流子彼此之间也有可能发生碰撞，常把这种碰撞称为“散射”。当载流子与另一个粒子发生碰撞时，由于强烈的相互作用，载流子的运动速度和运动方向就会发生改变。由于热运动的无规则性，载流子在晶格中的运动轨迹也是无规则的。

半导体的迁移率会随着杂质浓度的变化而变化。随着杂质浓度增加，杂质散射会变强，使载流子的平均自由程减小，因此电子和空穴的迁移率均随着杂质浓度的增加而减小。有机场效应迁移率还与很多因素有关，如半导体的纯度[23]、晶体的结晶质量[24]、薄膜的晶粒尺寸[25]、器件的构型[26]、沟道的长宽比[27]以及电极和半导体之间的接触质量[28]等。载流子的场效应迁移率还随温度的变化而变化。对晶格散射来说，温度越高，晶格振动越剧烈，晶格散射越强；然而对于杂质散射来说，温度越高，载流子的热运动速度越大，使杂质离子的静电力作用于载流子的时间缩短，散射作用将会减弱。用μ_{L}表示晶格散射决定的迁移率，μ_{L}随温度的升高而减小；用μ_{I}表示杂质散射决定的迁移率，μ_{I}随温度的升高而增大。则实际载流子的迁移率要由这两种散射作用的综合结果来决定，则有：$\frac{1}{\mu}=\frac{1}{\mu_{\mathrm{L}}}+\frac{1}{\mu_{\mathrm{I}}}$。一般在低温段$\mu_{\mathrm{I}}<\mu_{\mathrm{L}}$，迁移率$\mu$主要由杂质散射决定；而在高温段$\mu_{\mathrm{L}}<\mu_{\mathrm{I}}$，迁移率主要由晶格散射决定。

1.1.2.3 电流开关比

电流开关比（I_{on}/I_{off}）是指场效应晶体管在“开态”和“关态”时，源漏电流（I_{SD}）之间的比值，反映在一定栅压下器件开关性能的好坏，是有机晶体管的另一个重要特性参数。对于场效应器件，器件的开关比越高越好。器件的开关比越高，意味着场效应晶体管具有更好的稳定性和抗干扰能力。

场效应晶体管的开关比通常分为两种：增强模式开关比和耗尽模式开关比[29]。同样以 p 型场效应晶体管为例，如果器件的阈值电压 $V_T<0$，那么在栅极电压 $V_G=0$ 时，器件已经处于关闭状态，这一类器件称为增强型器件；反之，如果器件的 $V_T>0$，那么在 $V_G=0$ 时，器件已经处于开启状态，这一类器件称为耗尽型器件。增强模式开关比是指器件在开态时最大源漏电流与栅压为零时源漏电流的比值，可以从转移曲线或者输出曲线上获得；耗尽模式开关比是指转移曲线上开态源漏电流最大值与关态源漏电流最小值之比，可以从转移曲线上获得。

如图 1-5 所示，对 y 坐标轴的源漏电流（I_{SD}）采用对数坐标，便于观察器件在开态和关态时的源漏电流，进而估算开关比。随着栅极电压（V_G）的增加，电流迅速从关态（A 点）增加至开态（B 点），因此适当地增加栅极电压的扫描范围可以增加器件的开态电流，对器件的开关比会有积极的影响。然而当源漏电流增加到一定程度会达到饱和，不再增加，如图 1-5 中从 B 点到 C 点，此时源漏电流的增加并没有发生量级的变化，因此对于器件开关比的影响较小。根据器件开关比的定义，提高器件开关比一般可以从两个方面考虑：一方面是增加开态电流，但根据图 1-5 发现，开态电流在栅极电压持续增加时会出现一个饱和，使提高开态电流受到限制；另一方面是降低关态电流（图 1-5 中 A 点处源漏电流），关态电流才是影响器件开关比的主要因素[30]。

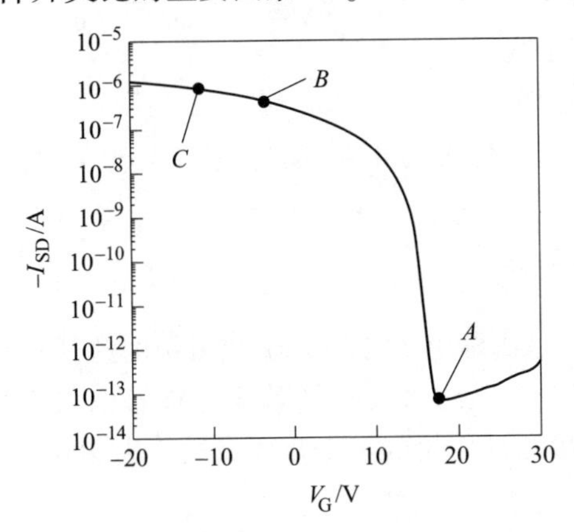

图 1-5 估算器件开关比的方法

1.1.2.4 阈值电压

阈值电压（V_T）是使场效应晶体管开启时所需的最小栅极电压，单位是 V。对于场效应晶体管，阈值电压的绝对值越小越好，意味着器件在低电压下就可以正常工作。通常有两种方法来确定场效应器件的阈值电压。以 p 型场效应晶体管为例，第一种方法是根据线性区的转移曲线来获得器件的阈值电压。如图 1-6（a）所示，当测试 $V_{SD}=-1V$，器件工作在线性区时，从线性区的转移曲线（$I_{SD}-V_G$）中可以得到，源漏电流为零时的电压即为该器件的阈值电压 V_T（见图 1-6（a）A 点）。另外一种方法是根据饱和区的转移曲线来获得器件的阈值电压。如图 1-6（b）所示，当 $V_{SD}=-30V$，器件工作在饱和区时，对饱和区的转移曲线（$\sqrt{-I_{SD}}-V_G$）进行线性拟合，拟合的线与 x 轴（V_G）的交点即为该器件的阈值电压 V_T（见图 1-6（b）B 点）。阈值电压还与以下因素有关：源漏电极与半导体的接触质量[28]；半导体层与绝缘层之间的界面质量；绝缘层的材质和厚度[30-32]以及是否存在内建导电沟道[26]等。

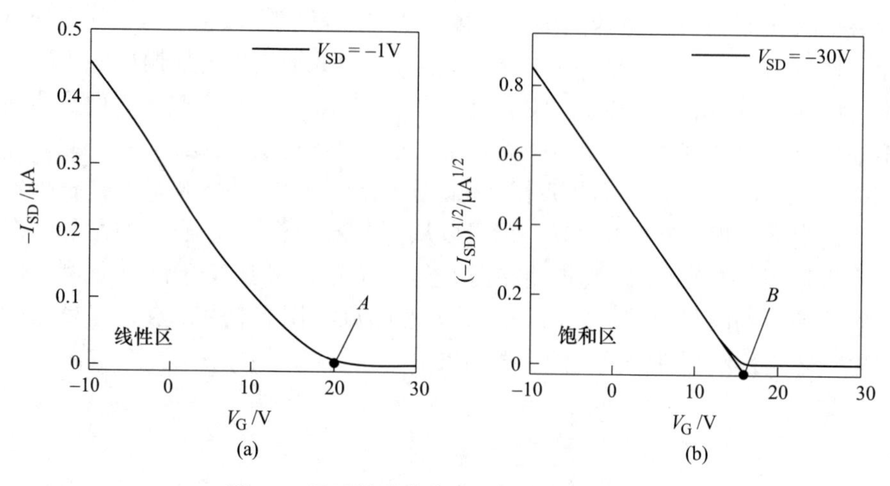

图 1-6 通过转移曲线获取阈值电压的方法

1.1.2.5 亚阈值斜率

亚阈值斜率（S）是源漏电流减小一个数量级时栅压的改变量，单位是 mV/dec(decade)。亚阈值斜率是用来表征场效应晶体管由关态切换到开态时电流变化的迅疾程度，是衡量器件质量的一个重要参数。表达式为：

$$S=\frac{dV_G}{d\lg(-I_{SD})} \tag{1-6}$$

由于亚阈值斜率的数值依赖于绝缘层的电容率 C_i，因此通常采用标准化的亚阈值斜率（$S_i = SC_i$）对比不同器件的性能[33]。亚阈值斜率越小越好，表示器件由关态切换到开态就越迅速，从关态切换到开态所需要的电压变化就越小。因此在实际工作时，S 越小越好。

对于硅基的 MOSFETs 来说，由于硅基场效应晶体管中的源漏接触电阻很小，而且与栅极电压无关，因此科研工作者们一致认为，硅基场效应器件的亚阈值斜率主要由绝缘层和半导体之间界面的决定[19]。但是对于有机场效应晶体管来说，肖特基接触的接触电阻较大，电阻的阻值随栅压呈现非线性的变化趋势，所以亚阈值斜率可以反映出有机场效应器件接触质量的好坏。

1.1.3 场效应晶体管的基本构型

有机场效应晶体管主要由半导体层、绝缘层和三个电极（即源极、漏极和栅极）三大部分构成。根据栅极的位置可以将场效应晶体管划分为顶栅结构和底栅结构；又可以根据源漏电极和半导体层接触位置的不同分为顶接触和底接触。这样交叉命名后，场效应晶体管的基本器件构型就可以分为以下四种，即底栅顶接触、底栅底接触、顶栅顶接触和顶栅底接触，如图 1-7 所示。

图 1-7（a）和（b）为底栅结构，即最先制备栅极，且处于整个器件的最下层。源漏电极既可以制备在整个器件的最上层（图 1-7（a），顶接触），也可以制备在绝缘层和半导体之间的夹层中（图 1-7（b），底接触）。图 1-7（c）和（d）为顶栅结构，即栅极在绝缘层之上且处于整个器件的最上层，其中顶栅结构也包括顶接触（图 1-7（c））和底接触（图 1-7（d））两种。

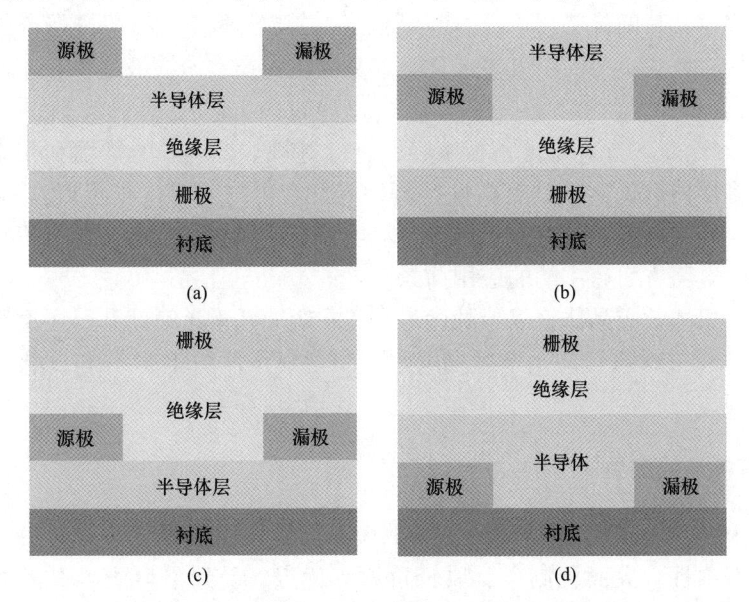

图 1-7 有机场效应晶体管的基本构型示意图

由于在底接触的结构中，电极和绝缘层的性质会对半导体分子的排列方式造成影响，比如在低表面能的绝缘层上，分子倾向于立在绝缘层表面；而在高表面能的金属表面上，分子则倾向于躺在金属电极的表面，这样载流子的注入效果就会受到影响[34]；另外在顶接触的结构中，由于电荷注入面积要大于底接触构型，因此可以降低器件的接触电阻[35]。因此，对于同种半导体材料的单晶和薄膜器件来说，一般顶接触结构的性能要大于底接触结构的性能。但由于顶接触结构器件不适合于大批量生产，因此限制了顶接触型器件的实际应用。除了这四种基本构型之外，科研工作者们目前还提出了共平面结构和双栅结构，其中共平面结构可以有效地降低接触电阻。

1.1.4 有机场效应晶体管的优势

作为活跃层的半导体材料按照是否含有碳、氢元素，可以分为有机半导体材料和无机半导体材料。随着信息技术的高速发展，基于传统的硅基电子的半导体技术面临着成本高、制备工艺复杂、柔性差等挑战。与无机材料相比，有机材料分子之间的结合力通常为较弱的范德华力，因此由有机材料制备的电子器件要比无机材料制备的电子器件拥有更好的本征机械柔韧性[36,37]。有机材料的可弯曲特性使其可以与柔性衬底兼容，并通过制备可以得到质量轻、可弯曲甚至可折叠的电子产品。为此科研工作者将目光转向以有机半导体技术为代表的新兴领域。有机场效应晶体管作为具有传感、存储、逻辑电路和 OLED 显示等电子产品的核心元件之一，受到了科研工作者的广泛关注。它不仅具有与传统晶体管相同的特性，还有本身独特的优势：（1）成本低、制备工艺简单，有机薄膜作为 OFETs 中的有源层，成膜工艺简单且多样化，如真空沉积技术、溶液成膜技术、喷墨印刷技术等；（2）电学性质容易调控，可以通过引入侧链或取代基设计分子材料；（3）柔性好、与柔性衬底相兼容，有机材料本身良好的柔性和与柔性衬底良好的兼容性使有机器件具有柔性、可延展性和生物兼容性等特点；（4）尺寸小，OFETs 的元件尺寸可以缩减至分子尺度，利于提高集成度，使有机场效应晶体管在逻辑电路方面有广阔的应用前景。

由于有机场效应晶体管以上的优势，其在短短几十年间就获得了突飞猛进的发展。目前 OFETs 已经应用于逻辑电路[10,38]、显示器的驱动[13]和传感器[12,15]等电子产品中。

1.1.5 有机场效应晶体管的发展现状

自 1986 年第一个聚噻吩的有机场效应晶体管发明以来[7]，有机场效应晶体管由于具有柔性、大面积制备、质轻价廉等优点，受到了科研工作者的广泛关注。同时对于有机材料和器件性能及制备工艺的理论分析和实际应用也获得了飞速的发展。迁移率作为表征有机场效应晶体管器件性能的重要参数之一，决定了器件的应用领域。通过30多年的发展，有机场效应器件的性能已经有了显著提高，从最初较低的迁移率（$<10^{-5}cm^2/(V \cdot s)$）[7]，截至目前，已经达到了$1\sim10cm^2/(V \cdot s)$[39]，甚至更高，这已经超过了非晶硅（约$1cm^2/(V \cdot s)$）的平均水平。但如果对于有机场效应晶体管在工业器件上的应用来说，OFETs不仅仅要满足高迁移率的要求，还必须要满足其他方面的一些要求，比如：（1）为了确保器件能够在较低的电压下正常工作，从而降低器件的功耗，需要器件具有一个较低的阈值电压V_T；（2）为了确保器件具有好的抗干扰能力，需要器件具有一个高的开关比；（3）为保证器件的使用寿命，需要器件具有较好的稳定性。而目前有机场效应晶体管的性能与实际应用的要求还有一定的差距，因此目前科研工作者们关注的热点仍然主要集中在提高有机场效应晶体管的器件性能和拓展它的实际应用等方面。

有机半导体根据自身的晶体结构可以分为单晶，多晶和薄膜，由于有机单晶具有高度有序和无晶界等特点，是分析有机半导体材料本征性质的首选，而且同种材料的单晶要比其多晶和薄膜都具有更高的迁移率。由于薄膜具有便于沉积和可大面积等优点，又在工业生产和电子器件的实际应用中具有广泛的应用前景。因此基于单晶和薄膜作为活跃层制备的有机单晶场效应晶体管（organic single-crystal field-effect transistors，OSCFETs）和有机薄膜晶体管（organic thin-film field-effect transistors，OTFTs）是现如今科研工作者在材料设计和器件性能上分析和讨论的主要内容。而且目前基于有机小分子和聚合物半导体材料制备的OSCFETs和OTFTs等，在集成电路、柔性显示和传感等方面都显示了广阔的应用前景，已经成为当前科研工作者们关注的热点内容。

1.2 有机薄膜场效应晶体管

1.2.1 有机薄膜场效应晶体管的优势

由于有机半导体与柔性衬底兼容，而且易于大面积制备器件等优点，柔性的OTFTs日益受到科研工作者的广泛关注。在早期，OTFTs技术的发展与无机场效应晶体管的技术发展相类似，主要都是基于刚性衬底来进行理论分析和实际应用。

近年来，科研工作者开始注重器件的结构设计、提高性能、拓展创新等功能方面的应用[40,41]。基于刚性衬底的传统硅电子的场效应晶体管存在着硬质和易脆等问题，而随着印刷和柔性电子的快速兴起，基于柔性衬底的OTFTs具有成本低、柔性好、质量轻、易于大面积制备等优势，逐渐成为了科研工作者们关注的热点[42,43]。柔性有机场效应晶体管的发展历程如图1-8所示，科研工作者对柔性有机薄膜场效应晶体管的分析讨论和实际应用也从起初的可编织的 OTFTs[44,45]，到随后的可延展（可拉伸）[46,47]、可穿戴[37,47,48]和可折叠[49-51]的 OTFTs，而近几年科研工作者除了要求柔性的有机器件具有以上性质之外，还将目光转移到了器件的生物相容[52]以及生物可降解的 OTFTs[53-55]。到目前为止 OTFTs 在柔性显示、传感器、存储器和逻辑电路等领域都具有广阔的发展前景。

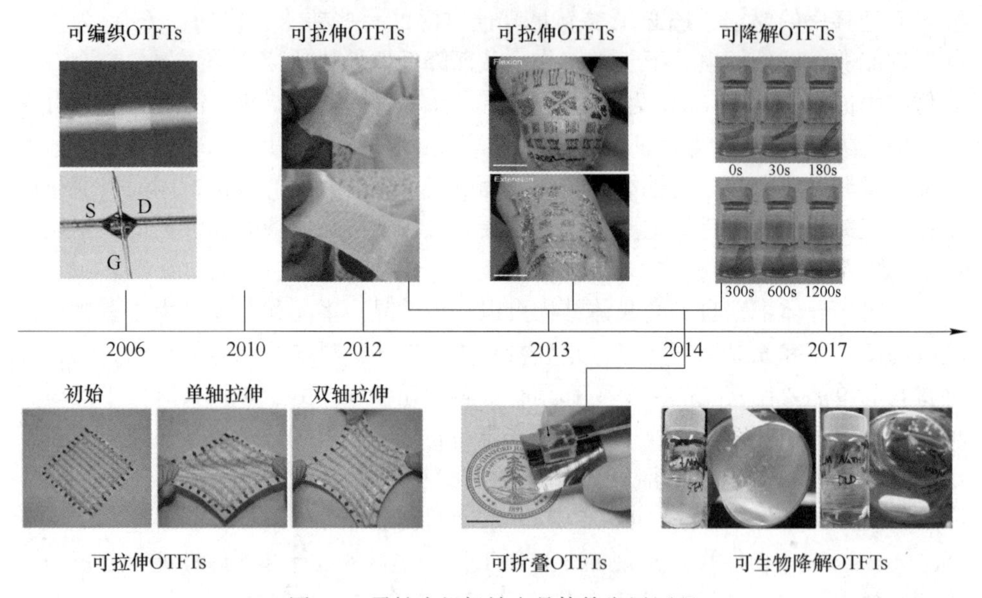

图 1-8 柔性有机场效应晶体管发展历程

1.2.2 有机薄膜的制备方法

OTFTs 器件的场效应性能不仅取决于有机半导体有源层材料的本征物理化学性能，同时还与薄膜和器件制备工艺等密切相关。实验证明，薄膜的结构及其表面的形貌对于 OTFTs 的性能具有很大的影响，因此优化薄膜的形貌进而提高器件的场效应性能是探索和改进薄膜制备方法的一个重要的方向。要优化 OTFTs 的电学性能，首先要理解薄膜结构和形貌与器件迁移率之间的关系。理论上认为载流子主要在临近分子之间的离域 π 轨道中移动，很容易理解如果轨道之间没有阻碍，就可以得到较高的载流子迁移率[56]。那么薄膜中分子之间的 π 堆积的距离就可以严重地影响器件的场效应性能。无论是对于小分子材料（如 pentacene，并五苯[57]），还是聚合物（如 poly（3-hexylthiophene-2，5-diyl），P3HT[58]），在形成半导体薄膜的时候都会存在晶界或者纳米球晶，而载流子想要在晶界之间传输，就需要跨越势垒，这很明显就会限制载流子的自由传输，因此晶界的多少和纳米晶体之间的连接程度在很大程度上直接影响了 OTFTs 的性能。

有机薄膜的制备方法主要有两种：真空沉积法和溶液成膜法。其中真空沉积可以通过控制衬底温度、蒸镀速率等来实现对薄膜厚度、膜形貌和结构等参数的精确调控，具有纯度高、均匀性好和迁移率高等特点，可以实现高性能 OTFTs 的制备，但也存在着制备过程复杂，设备成本高，批量生产困难等不足。相比于真空沉积技术，溶液成膜法主要包括旋涂、Langmuir-Blodgett 自组装、电化学沉积和印刷技术等，具有成本低、方法简单和可大批量生产等优势，被认为是最具有发展潜力的技术。

1.2.2.1 真空沉积法

真空沉积（vacuum deposition）法是构建 OTFTs 器件半导体层最常用的技术之一，可以通过控制真空条件下衬底的沉积温度和沉积速率实现对薄膜的厚度、形貌进行调控，进而优化薄膜器件的电学性能。如图 1-9 所示，真空沉积的主要过程是将固体材料放在蒸发源上，通过加热将固体材料蒸发，蒸发出来的原子或分子自由扩散并吸附在放置在腔体上空的衬底表面而形成薄膜。从图中可以看出主要工作部件包括蒸发半导体材料的热源（以及热源的挡板）、放置衬底的样品台（以及衬底的挡板）、旋转升降台以及膜厚监控仪。由于真空蒸镀技术需要蒸发出来的分子运动一段距离后吸附在衬底表面，因此该技术不仅可以制备致密的有机半导体薄膜，还能用于提纯有机半导体材料。物理气相沉积（physcial vapor deposition，PVD）是真空沉积技术中应用最广泛的方法，对于有机半导体而言，该技术是将半导体在 10^{-4}Pa 甚至更高真空的高真空环境下，通过热源加热使有机半导体材料升华成气态，自由运动吸附在绝缘层表面形成有机半导体薄膜。此方法比较适用于难溶于（或可溶于）有机溶剂的高熔点的有机小分子材料薄膜的制备。真空沉积技术的缺点是成膜工艺和设备复杂，前期投入成本高，这是大

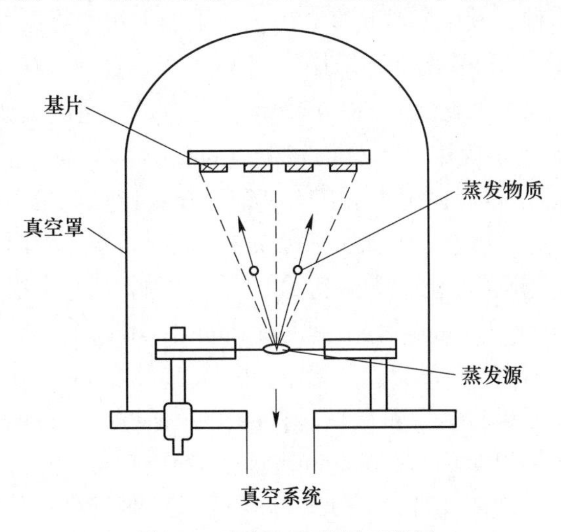

图 1-9 真空沉积装置示意图

面积工业化生产面临的一个严重问题，然而真空沉积技术还具有设备工艺简单，可以获得比较纯净的薄膜，而且可以制备具有特定结构和性质的薄膜等优点，因此仍然是当今非常重要的蒸镀技术。

1.2.2.2 溶液成膜法

溶液成膜技术是目前被认为制备有机电子器件最具有发展前景的技术，适用于可溶性的有机半导体薄膜的加工和处理，并可以结合大面积印刷等技术降低集成电路的成本和生产周期。溶液成膜法制备 OTFTs 相比于传统法的最大优势之一，是它可以在低温环境下，在柔性衬底上快速制备均一的半导体薄膜。不仅可以用于单个器件的制备，更能制备大面积的薄膜，从而在提高效率的同时还能降低生产成本。溶液法制备有机薄膜可以通过以下几种方法：(1) 旋涂法[59,60]，衬底高速旋转时，就可以将溶液在衬底上立即散开，溶剂蒸发后衬底上就可以获得固态的薄膜；(2) 滴注法[61,62]，将一定体积的溶液滴在衬底上，暴露在空气中或者在特定的溶剂气氛下，自然挥发成膜。旋涂法和滴注法由于操作简单和成膜工艺成熟等优点成为最常用的溶液成膜的方法。除此之外还有毛刷定向法[63]和挥发可控生长法[64]等溶液制备薄膜的方法。

1.2.3 有机薄膜场效应晶体管的制备方法和发展现状

有机薄膜场效应晶体管的基本结构与无机晶体管一样都是由半导体层、绝缘层和源漏栅三个电极构成。(1) 半导体层：在 OTFTs 中有机薄膜作为半导体层，主要包括有机小分子材料（如并五苯[57]）和有机聚合物材料（如 P3HT[58]），制备方法如前所述，主要通过真空沉积和溶液成膜法获得。(2) 绝缘层：OTFTs 的绝缘层主要包括两种，其中一类是真空工艺加工的无机绝缘层材料，最经典的就是二氧化硅（SiO_2）[65]和氧化铝绝缘层（Al_2O_3）[66]，还有二氧化钽（Ta_2O_5）[65]、氧化锆（ZrO_2）[65]和二氧化钛（TiO_2）[67]等。还有一类通过旋涂制备的聚合物绝缘层，例如最常见的是聚甲基丙烯酸甲酯（polymethyl-methacrylate，PMMA）[68]和聚苯乙烯（polystyrene，PS）[68]，还有其他聚合物比如：聚酰亚胺（polyimide，PI）[69]、和聚有机硅氧烷（例如 polydimethylsiloxane，PDMS）[70]等。还有通过物理方法修饰或者通过化学方法键合的单分子修饰绝缘层，最常见的就是十八烷基三氯硅烷（octadecyl trichlorosilane，ODTS）[71]、正辛基三氯硅烷（octyltrichlorosilane，OTS）[71,72]和六甲基二硅氮烷（hexamethyldisilane，HMDS）[72,73]，还有苯乙基三氯硅烷（phenethyl trichlorosilane，PTS）和正辛基氟代三氯硅烷（tridecafluorooctyltrichlorosilane，FOTS）等。(3) 电极：OTFTs 中的源漏栅三个电极部分，目前大部分文献报道都是通过真空掩模蒸镀的方法制备的。其中栅极的主要作用是在施加不同的栅压条件下实现对沟道内载流子浓度进行调控，因此常采用导电金属或导电聚合物作为栅极；而源漏电极的主要作用分别是调控载流子的注入和收集，一般采用常见的金属，例如金（Au）[73]、银（Ag）[74]和铜（Cu）[75]等。场效应晶体管除了具有以上五个关键的组成部分以外，通常还需要有一个衬底，而衬底材料也由原来刚性的硅基材料转变成后来的柔性材料，例如聚对苯二甲酸乙二酯（polyethylene terephthalate，PET）[76]和聚萘二甲酸乙二醇酯（polyethylene naphthalate，PEN）[77]等。最近几年还有课题组制备出了无衬底作为支撑层的柔性有机薄膜场效应晶体管，例如中科院的刘云圻课题组采用在水中层离的方法制备了无衬底支撑的超薄柔性有机薄膜场效应晶体管，如图 1-10 所示[78]。

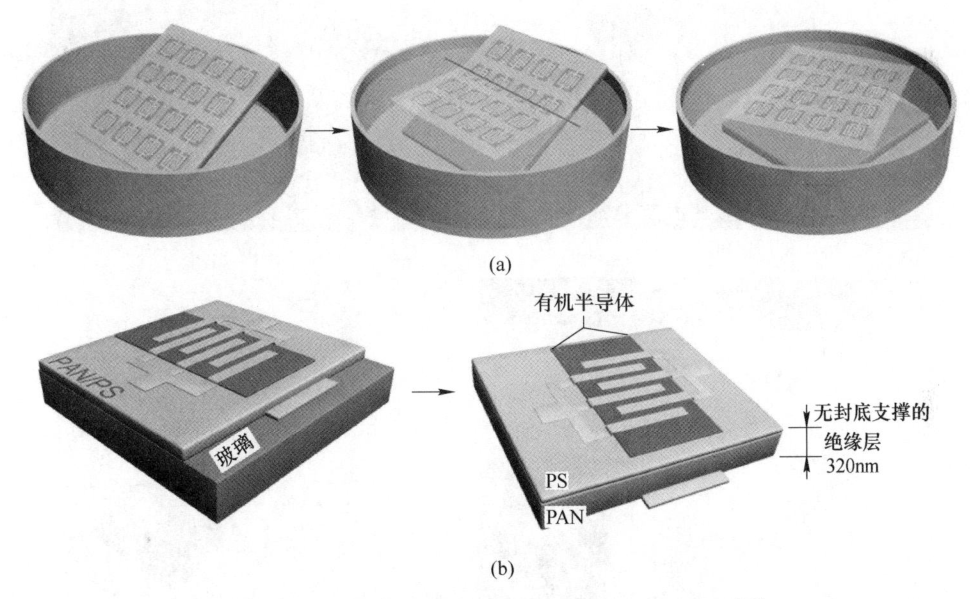

图 1-10　自支撑的超薄柔性有机薄膜场效应晶体管[78]

（a）将在玻璃板上制备好的薄膜晶体管放置在液体中，在液体表面张力作用的下，获得无支撑的超薄柔性有机场效应晶体管；（b）在玻璃板上通过液相剥离获得的单个薄膜晶体管

薄膜晶体管是大面积电子（包括显示和传感）领域所必须的基础元器件。到目前为止，与无机商业化的大规模制备相比，OTFTs 离大规模的产业化还存在着一定的距离。目前 OTFTs 的发展中存在的主要问题总体概括为：（1）有机半导体材料的迁移率低，这限制了 OTFTs 在电子设备中的实际应用；（2）虽然 OTFTs 材料多种多样且可通过调控合成制备，但是目前有机半导体材料大多数为 p 型材料，n 型材料较少，这限制了 OTFTs 的进一步发展；（3）OTFTs 的外界环境，例如水、氧、光和温度等都会影响 OTFTs 在空气中工作时的稳定性；等等。

尽管 OTFTs 在发展上遇到了很多问题，但仍然在这短短的几十年间得到了突飞猛进的发展。OTFTs 可采用低温低成本的方法按需加工，由于具有良好的机械柔韧性和不断提升的电学性能，结合技术本身固有的优势、市场的需求、资金的投入和政府的支持等，使有机薄膜晶体管在柔性显示和柔性传感等很多领域都展现出了巨大的应用潜力，也已经有了非常好的产业化基础。2010 年，Sony 公司就展示出了基于 OTFTs 驱动的 121 每英寸像素数的 4.1in 柔性 OLED 显示屏（见图 1-11（a）（b））；2013 年 Plastic Logic 公司又成功研发了采用 OTFTs 背板的 42in 柔性电子纸显示屏（见图 1-11（c））；2017 年，Flex Enable 公司又成功研发出了基于 OTFTs 背板的 12.1in 的柔性 LCD 显示屏（见图 1-11（d））[79]。

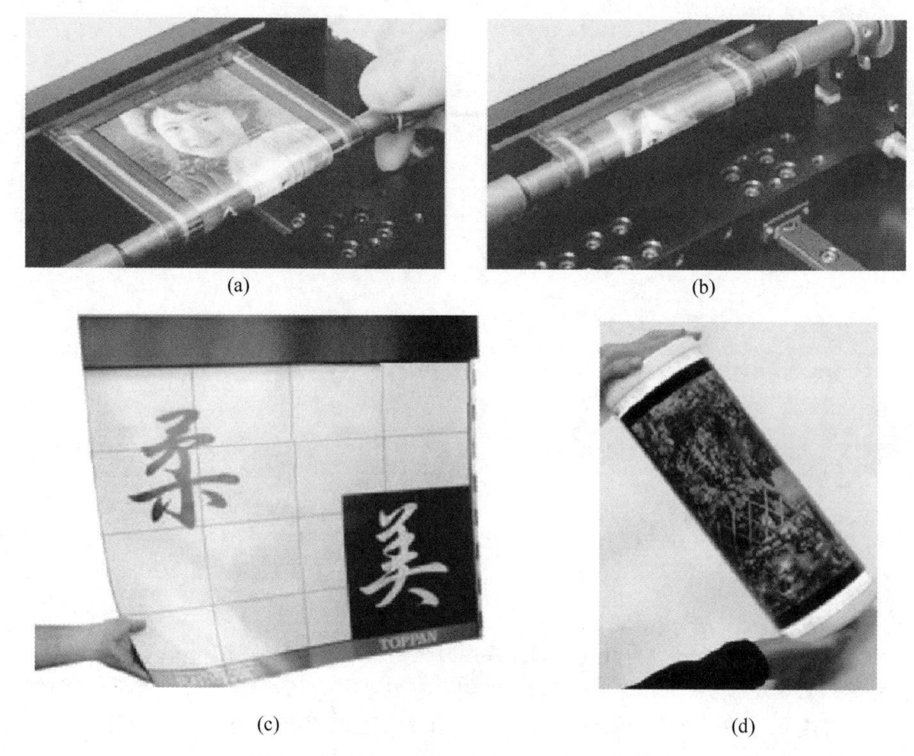

(a)　(b)　(c)　(d)

图 1-11　柔性 OTFTs 在驱动上的实际应用

1.3　有机单晶场效应晶体管

1.3.1　有机单晶场效应晶体管的优势

由于现有的关于有机半导体的能带理论大都是建立在无机材料的基础上，因此对于有机场效应晶体管中出现的个别现象无法提供完全合理的解释。目前对有机半导体材料和有机场效应晶体管器件关系的分析和讨论比较浅显，而且对有机半导体中电荷传输理论的认识也有局限性。与目前大多数文章中报道的有机薄膜相比，有机单晶由于具有长程有序的结构，不存在晶界和缺陷等优点，成为了分析和讨论半导体本征传输的首选工具。单晶中分子的有序性使有机单晶具有良好的 π-π 轨道重叠，这将会在很大程度上减小电荷陷阱密度。因此采用有机单晶作为有机场效应晶体管的半导体层可以显著提高器件性能。目前文献报道中对于同种有机半导体材料而言，以单晶作为有源层制备场效应晶体管的迁移率一般比同种半导体材料薄膜作为有源层制备晶体管获得的迁移率要高。目前文献中报道的经典材料的薄膜和单晶器件最高迁移率的对比见表 1-1。

表 1-1 基于同种有机材料制备的薄膜器件和单晶器件迁移率的对比

有机半导体材料	晶体形态	迁移率/$cm^2 \cdot (V \cdot s)^{-1}$	文献
酞菁铜 (CuPc)	薄膜	0.2	[80]
	单晶	1	[81]
并五苯 (pentacene)	薄膜	5.5	[82]
	单晶	40	[83]
红荧烯 (rubrene)	薄膜	0.01	[84]
	单晶	20	[85]

从表 1-1 中可以看出无论是酞菁铜、并五苯，还是红荧烯半导体材料，它们的单晶场效应晶体管的迁移率明显要比同种材料的薄膜场效应的晶体管迁移率高出至少一个量级。因此有机单晶场效应晶体管的迁移率也经常被用作评价该有机半导体材料性能的上限[27]。对于同种材料的薄膜 OFETs 而言，不同课题组获得的器件的性能差异性很大[26,86]，差异原因除了不同环境和设备以外，薄膜之间的晶界和无序对器件中载流子传输会产生强烈的影响，因此并不适合分析和讨论有机半导体的本征传输性质。而有机单晶由于具有长程有序、无晶界和缺陷等优点利于分析有机半导体材料的本征性质，并成为了分析有机半导体的结构和性能以及载流子的传输机制等基本科学问题的有效工具[87]。目前文献中报道的基于有机单晶制备的场效应晶体管，科研工作人员第一次发现了 OFETs 中载流子的本征传输特性[21,85,88]。

1.3.2 有机单晶的生长方法

高质量的有机单晶是制备高性能有机单晶场效应晶体管的前提。有机半导体性质取决于碳原子的成键特点与方式。由于有机半导体材料生长单晶与无机半导体材料生长单晶时的分子或原子结合方式是不同的，不能按照无机材料生长单晶的方法来制备有机单晶。因此科研工作者们需要开发一些新的方法来实现高质量有机单晶的生长。目前文献报道中主要有溶液法和物理气相输运法制备有机单晶。

1.3.2.1 溶液法

溶液法的生长过程是通过改变外界环境，使溶液达到过饱和后析出晶体，最终生长成有机单晶，适用于可溶性的有机半导体材料的加工处理。最常用的方法包括滴注和提拉法等。把有机半导体的饱和溶液直接滴在衬底表面，或者将衬底浸入在溶液中，控制好外界环境，待溶剂挥发后，即可在衬底（或绝缘层）上获得均一的有机单晶或阵列。

为了生长出高质量的有机单晶进而获得高迁移率的有机单晶 OFETs，科研工作者对传统的溶液法也做了不同的改进。其中东北师范大学的汤庆鑫课题组采用多次滴注的方法，在刚性的硅衬底和柔性的 PET 衬底上分别生长出了均一的 DB-TTF 单晶阵列，如图 1-12 所示，并制备了 DB-TTF 单晶场效应晶体管[90]。

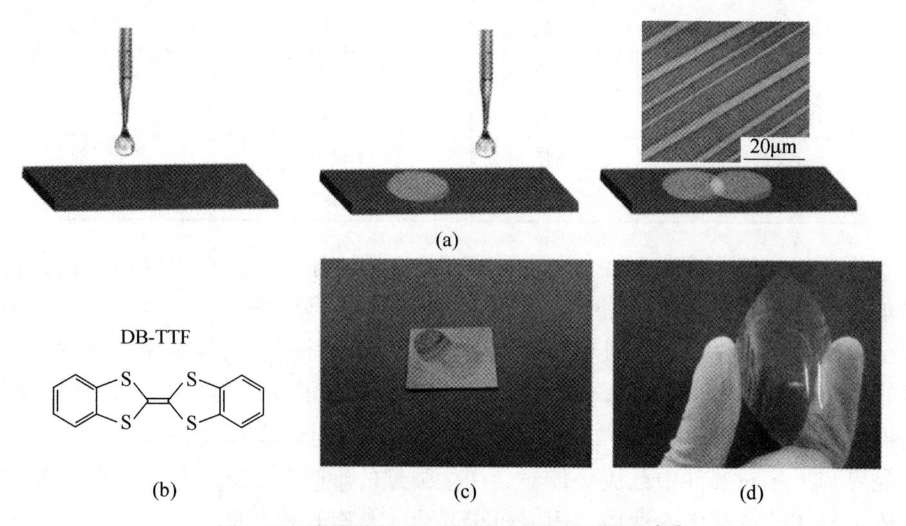

图 1-12 多次滴注法生长 DB-TTF 单晶阵列[90]

（a）多次滴注法在衬底表面生长 DB-TTF 阵列示意图；（b）DB-TTF 分子式；
（c）多次滴注法在硅衬底表面生长 DB-TTF 阵列；（d）多次滴注法在 PET 衬底表面生长 DB-TTF 阵列

该课题组随后又发明了毛刷定向的方法，同样分别在刚性和柔性的衬底上可控地生长了均一的 TCNQ 单晶阵列，并制备了 TCNQ 单晶场效应晶体管，如图 1-13 所示[63]。

浙江大学的李寒莹课题组[91]利用针诱导溶液生长有机单晶的方法，分别生长 TIPS 并五苯、二萘嵌苯、并四苯、蒽、TCNQ 和 C_{60} 六种不同的有机半导体单晶阵列。其中 TIPS 并五苯器件的最高迁移率可达到 6.46cm^2/(V · s)，如图 1-14 所示。

溶液法的优点是操作简单、生长周期短、成本低，而且容易获得大面积图案化的有机单晶阵列，这些优点决定了其被认为是目前被制备有机电子器件最具发

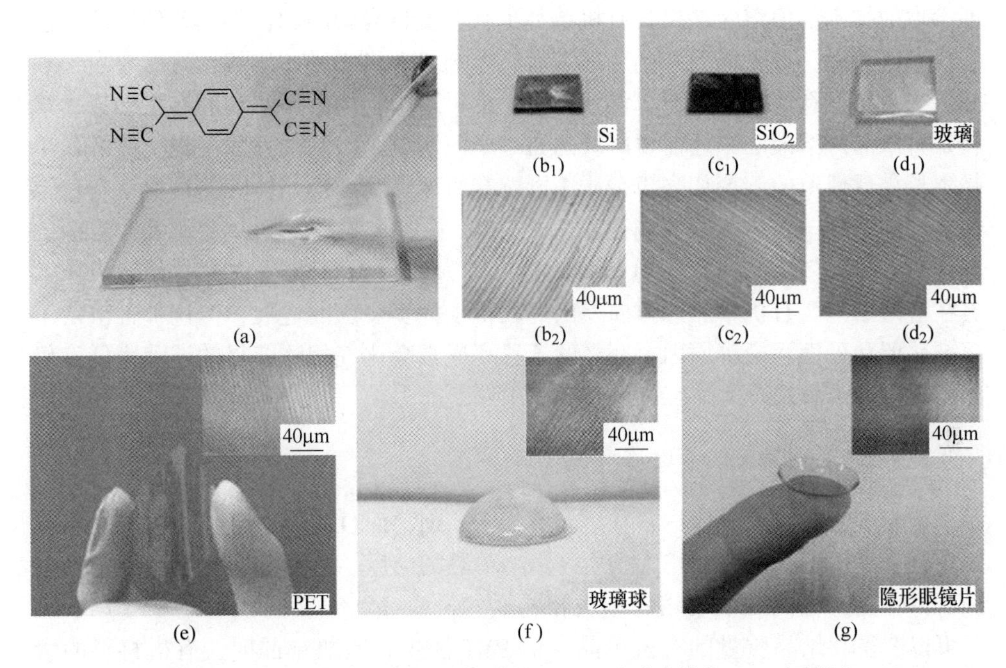

毛刷定向法生长 TCNQ 单晶阵列(a)和在硅衬底(b)、二氧化硅衬底(c)、玻璃衬底(d)、PET 衬底(e)、半球状的玻璃球(f)及隐形眼镜(g)上生长 TCNQ 单晶阵列

图 1-13 毛刷定向法生长 TCNQ 单晶阵列[63]

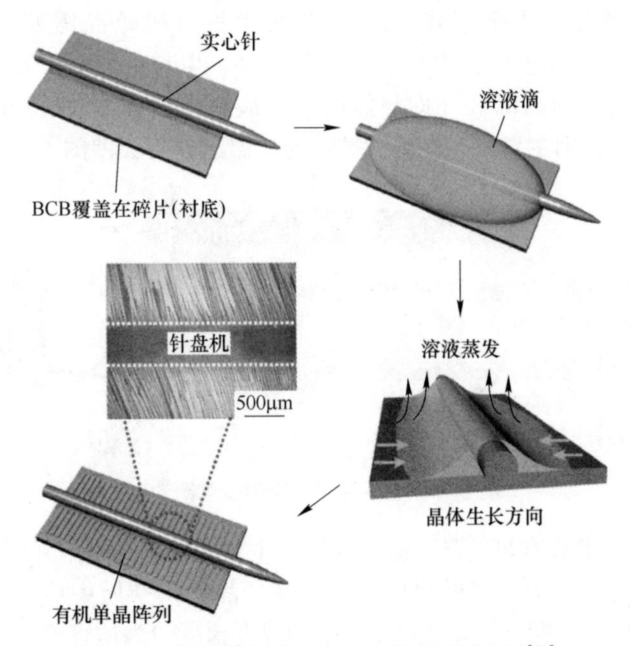

图 1-14 针诱导法生长有机单晶阵列示意图[91]

展潜力的技术。但溶液法生长有机单晶也存在着自身的问题，例如要使用溶液法生长有机单晶，首先需要找到合适的有机溶剂将有机半导体溶解，这就要求必须确保半导体材料能溶于溶剂，而目前的文献报道中，能溶于溶剂的有机半导体材料是有限的。溶液法中还需要解决的另一个问题就是溶剂的残留问题，在有机单晶生长之后残留的溶剂相当于杂质，影响有机单晶场效应晶体管的迁移率和稳定性。例如李寒莹课题组采用滴注法生长 TIPS 并五苯单晶阵列，发现极性溶剂的残留对有机场效应晶体管中电子传输具有极大的负面影响[92]。尽管科研工作人员在溶液法生长有机单晶的方向上已经取得了许多突出的进展，但这种方法由于溶剂残留和界面污染等原因，获得的迁移率通常会比气相法获得的迁移率低，仍然需要进一步解决。

1.3.2.2 物理气相输运法

由于多数有机半导体材料难溶或不溶于溶剂，而且溶液法生长有机单晶不可避免会有有机溶剂的残留作为杂质，影响单晶的纯度，进而会影响后续制备的单晶器件性能，相比之下利用物理气相输运（physical vapor transport，PVT）法通常可以获得高结晶质量的有机单晶[26]。PVT 法生长有机单晶时，有机材料的熔点一般要低于分解温度。利用 PVT 法生长的有机单晶长度最高能达到厘米的量级，而厚度一般从十几纳米到微米量级不等。有机材料分子的化学堆垛方式不同决定了生长的有机单晶呈现出线状、带状或片状等不同的晶体形貌。

如图 1-15 所示，水平管式炉是 PVT 法生长有机单晶需要的最主要的设备[26]，管式炉的内管主要分为高温区和低温区。生长单晶时，原料要放在石英舟内，并置于炉体的高温区（即炉体内温度最高的位置），即图 1-15 的左侧区域；而单晶的生长则主要发生在管式炉内的低温区附近，即图 1-15 的右侧区域。

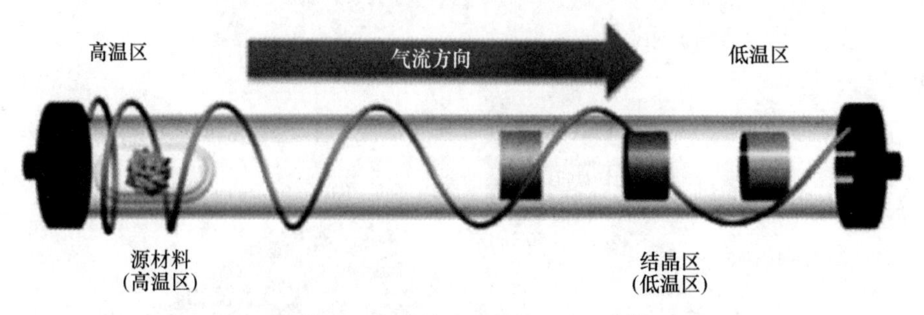

图 1-15 水平管式炉结构示意图[94]

采用 PVT 法生长有机单晶的晶体质量，主要受以下几个因素的影响。

（1）温度梯度：为了能够将更大更纯净的晶体从杂质中成功分离，需尽可能减小炉体的温度梯度，例如 2~5℃/cm 的温度梯度较为适宜[26]。

（2）热源温度：生长单晶时热源温度的选取一般接近该材料的升华温度。

Podzorov 等人报道的利用 PVT 法生长红荧烯有机单晶，选取的热源温度（300℃）就接近于红荧烯的升华温度（315℃），发现红荧烯生长越慢，单晶场效应晶体管的迁移率越高[95]。

（3）载气流速：流速的大小主要影响管式炉内的真空度以及沉积区位置。

（4）原料纯度：PVT 法也是提纯有机半导体材料的主要方法之一，经过多次载气输运对原料重结晶后，可以获得高纯的有机半导体材料[96]。高质量的晶体由于分子无序和缺陷的减少，更有利于载流子的传输，进而提高有机单晶的器件迁移率[97-99]。

1.3.3 有机单晶场效应晶体管的制备方法和发展现状

有机单晶的分子之间是靠较弱的范德华力相互作用，因此无机构筑器件的方法不太适用于有机单晶。若采用无机离子束制备电极的方式制备有机单晶场效应晶体管，会破坏有机半导体单晶的表面，降低器件性能。对此科研工作者们通过不断实验，尝试开发了很多新的方法制备有机单晶场效应晶体管。根据前面介绍的依据半导体和电极的位置所分的接触类型，主要包括顶接触和底接触两种。对于底接触的器件制备方法，常用的是底接触生长单晶制备器件法和静电贴合法等；而对于顶接触的器件制备方法则主要包括掩膜蒸镀法、金膜印章法等。由于作者团队讨论的是基于有机单晶器件，下面对几种制备方法逐一进行介绍。

1.3.3.1 底接触型有机单晶场效应晶体管的制备方法

A 底接触生长单晶制备器件法

根据单晶的生长方法包括溶液法和气相法，底接触生长单晶制备器件的方法也包括两种：（1）将有机半导体的饱和溶液滴在制备好的电极和绝缘层上[93,100]，图 1-16 所示是在制备好的分别以金和 PVA 作为电极和绝缘层的电路上，滴注 TIPS 并五苯溶液，生长出的有机单晶制备的底接触型器件；（2）将预先制备好的电极和绝缘层放入气相沉积的管式炉中生长有机单晶。底接触直接生长有机单晶制备器件的方法，优点在于方法简单，容易制备大面积器件和电路。但可能会使有机单晶和电极之间的接触不够紧密，从而降低器件性能。

B 静电贴合法

静电贴合法是利用静电引力将有机单晶贴合在预先制备好的电极上。为了使半导体和绝缘层或电极的界面形成良好的接触，这种方法通常将有机单晶贴合在弹性的衬底上。如图 1-17 所示，图 1-17（a）是预先制备好的底栅底接触的电极，图 1-17（b）是把有机单晶贴合在电极上的过程，从右侧对应的光学显微镜照片可以看出，有机单晶在柔性 PDMS 绝缘层和电极上具有很好的浸润性，而且紧密地贴合在一起[101]。

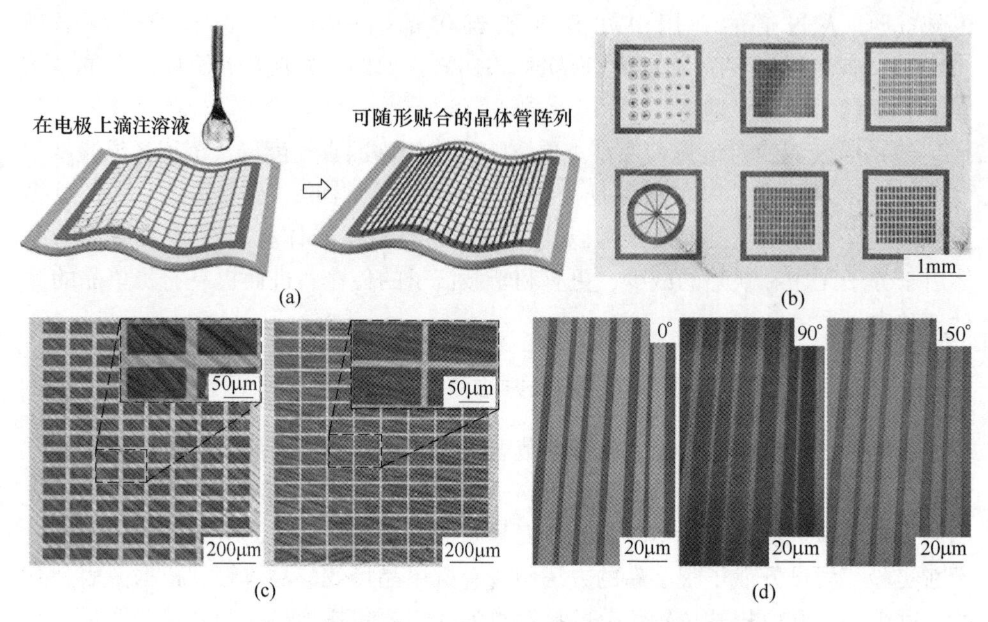

图 1-16　溶液法生长单晶阵列制备底接触型有机场效应晶体管[100]

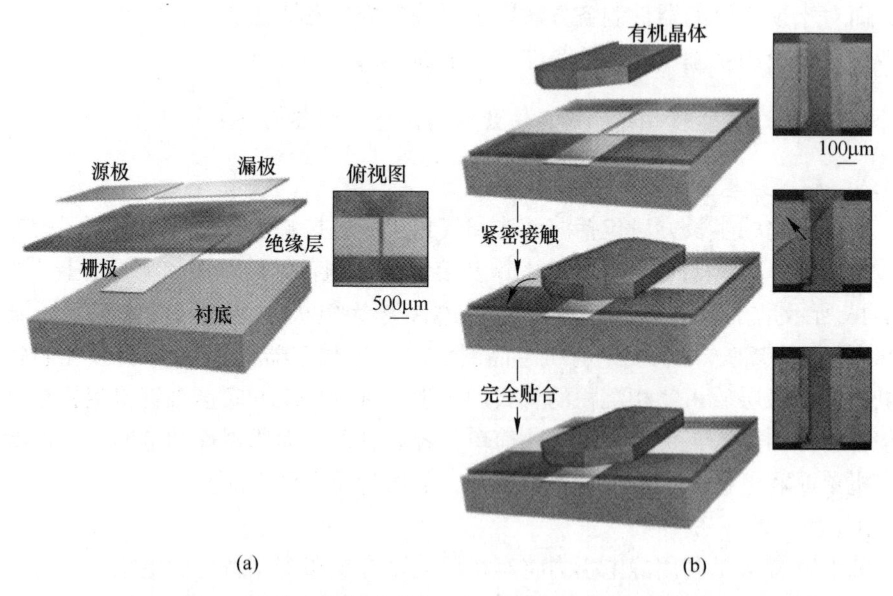

图 1-17　静电贴合法制备有机单晶场效应晶体管[101]

静电贴合法的优点是避免制备电极时，热辐射对半导体的损伤。由于半导体和弹性绝缘层之间是靠弱的静电力贴合，因此在制备好的器件测试结束后，可以将半导体取下，再与衬底进行多次贴合，这有利于分析半导体的各向异性[101]和其他性质。而且最新的一篇文献报道中，如图 1-18 所示，将红荧烯单晶贴合取下再贴合后，测试的器件性能没有明显的变化，说明半导体在静电贴合和取下的过程中没有受到明显的损伤；随后又在同一位置贴上另一个半导体单晶，性能仍然很高，说明柔性的电极和绝缘层在贴合和取下的过程中也没有受到明显的损伤[102]。然而这种方法的缺点是利用贴合单晶制备器件时，容易受到晶体尺寸的限制。

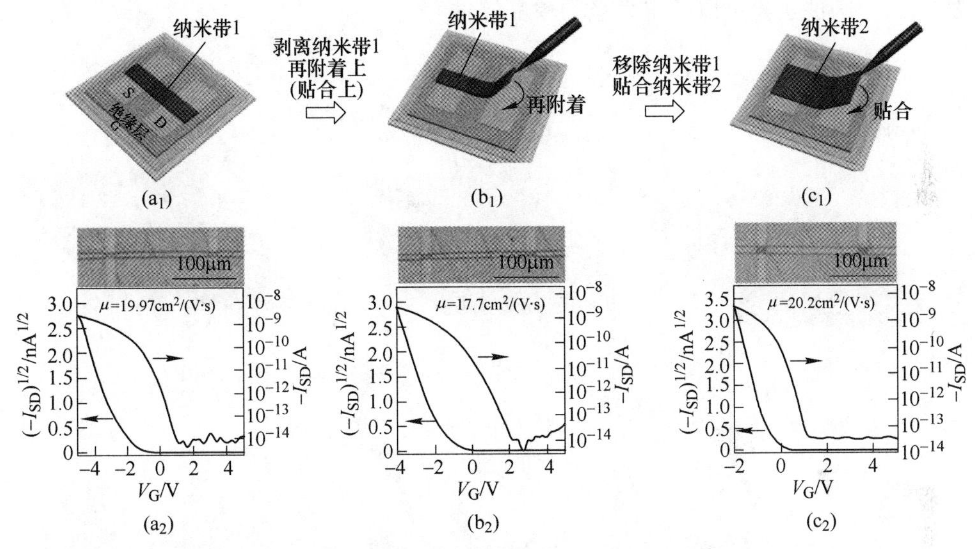

图 1-18 静电贴合法多次贴合有机单晶对器件性能的影响[102]

1.3.3.2 顶接触型有机单晶场效应晶体管的制备方法

A 掩膜蒸镀法

掩膜蒸镀法制备单晶场效应晶体管的过程主要分成三个步骤：如图 1-19 所示，首先用探针在有机单晶上放置好掩膜以遮挡半导体；然后再对整体表面蒸镀电极；最后再去掉掩膜就制备好了有机单晶场效应晶体管[103]。

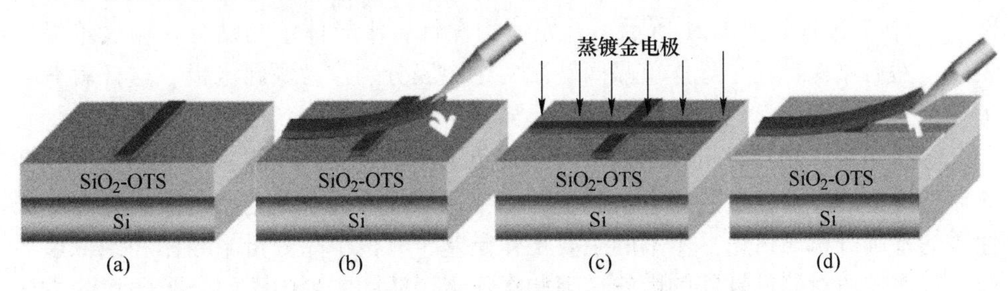

图 1-19 掩膜法制备有机单晶场效应晶体管示意图[103]

经常使用图案化的金属片作为掩膜，目前也有文献报道中使用纳米带[93]、金膜[104]和玻璃纤维[105]等作为掩膜。如图 1-20 所示，汤庆鑫课题组的邓亮亮等人在酞菁铜（CuPc）纳米线上使用玻璃纤维作为掩膜，首先在附着 CuPc 纳米线的绝缘层表面裁剪玻璃纤维作为掩膜；然后对半导体和掩膜表面蒸镀金电极；最后用探针去掉玻璃纤维并用探针将器件划开，避免器件之间的互相干扰，这样一批 CuPc 单晶场效应晶体管器件就制备完成了，单个器件的示意图如图 1-20（f）所示，一次性实验可以获得大量的单晶器件[105]。

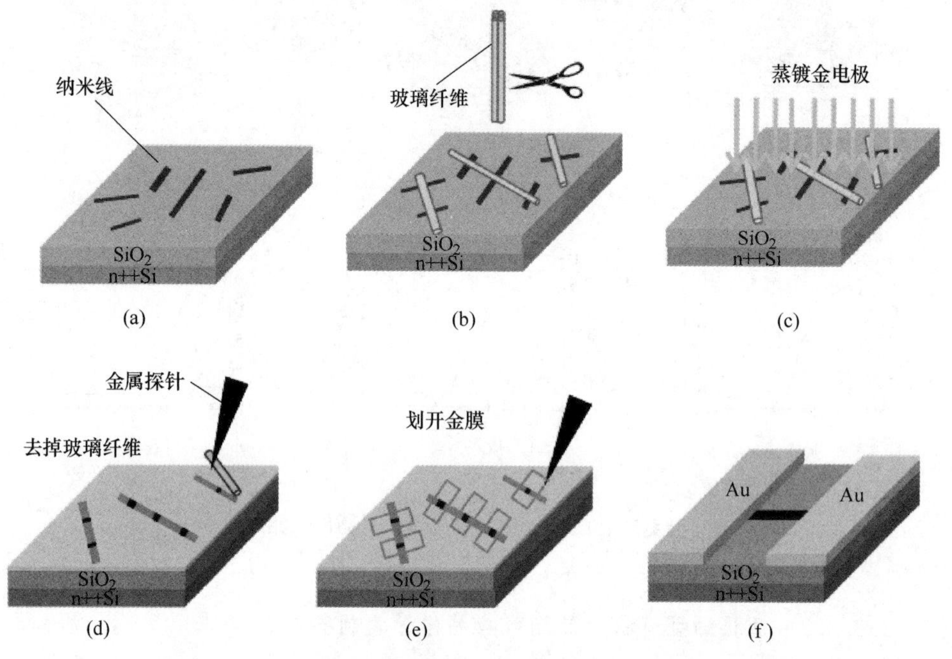

图 1-20　玻璃纤维作掩膜制备有机单晶场效应晶体管示意图[105]

B　金膜印章法

在有机单晶表面直接蒸镀电极制备器件，热辐射会对晶体造成损伤，进而影响器件性能。为了避免这种损伤，科研工作者发明了金膜印章的方法制备单晶器件[93]。制备过程如图 1-21 所示，首先使用探针将半导体单晶贴合在栅极绝缘层表面，然后用探针在半导体单晶两端贴两个金膜分别作为源漏电极，这样就获得了一个采用金膜印章法制备的微纳单晶器件，如图 1-21（b）所示。

金膜印章法制备有机单晶器件由于避免了热辐射等其他因素对单晶的损伤和对器件性能的影响，金膜印章法制备微纳单晶器件的优点是更有利于半导体本征性质的基础分析与讨论。本书的主要工作是基于有机单晶分析半导体和绝缘层界面的基本性质对器件性能的影响，因此在作者团队的实验中选用金膜印章的方法制备微纳单晶器件，尽量减少其他外界因素的干扰。虽然这种方法制备微纳单晶器件的精度很高，但不足之处是由于在整个操作过程中是通过探针机械转移微米级的半导体和金膜，制备工艺难度大，不适用于大规模的工业生产。

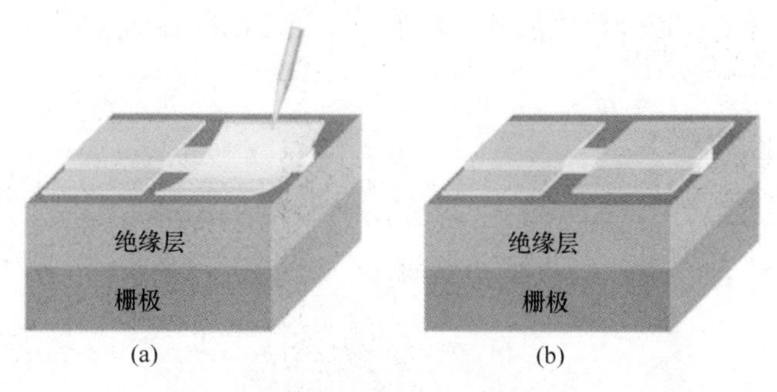

图 1-21 金膜印章法制备有机单晶场效应晶体管示意图[93]

有机单晶由于具有长程有序和无晶界等优点，因此被科研工作者们一致认为是分析 OFETs 内在电荷传输特性的重要工具[86,106]。因此有机单晶场效应晶体管已经受到广泛的关注，并且到目前为止已经取得一系列的科研成果。例如，Podzorov 等人已经在红荧烯有机单晶体的表面上观察到内部电荷的运动与局部晶格的扭曲导致的极化子传输[107]。

到目前为止，虽然对于有机单晶和薄膜场效应晶体管的分析取得了巨大的进展，但仍然还存在很多问题需要解决，例如：有机半导体材料大多数为 p 型的半导体，而 n 型的半导体材料相对来说较少；而且就迁移率而言，相比于 p 型半导体来说，n 型半导体的相对较差；同时具有迁移率高和稳定性能好的半导体材料和器件少之又少；低成本大面积制备有机半导体器件的技术仍有待进一步提高[89]。尽管有机场效应晶体管还存在着以上的这些问题，但无论是基于单晶还是薄膜的 OFETs 仍然由于价廉、质轻和柔性等优点，受到了科研工作者们的广泛关注。随着柔性 OFETs 的电学性能和机械柔性的不断提高，柔性的 OFETs 作为电子设备的核心元件必定会取代传统的硅基材料，在柔性显示和传感领域会对生活中使用的电子产品带来积极的影响，在未来一定会让我们的日常生活发生巨大的变化。

1.4 半导体/绝缘层的界面性质对有机场效应晶体管性能的影响

1.4.1 有机场效应晶体管中的界面工程

OFETs 基本结构是由栅极、绝缘层、有机半导体层和源漏电极五部分构成的。以底栅顶接触的场效应晶体管为例，有机场效应器件在整个过程中会有多个界面的存在。如图 1-22 所示，顺时针的四个界面依次为：源漏电极和有机半导体层之间的界面、有机半导体层和大气环境之间的界面、有机半导体层和有机半导体层之间的界面，以及绝缘层和有机半导体层之间的界面等[108]。

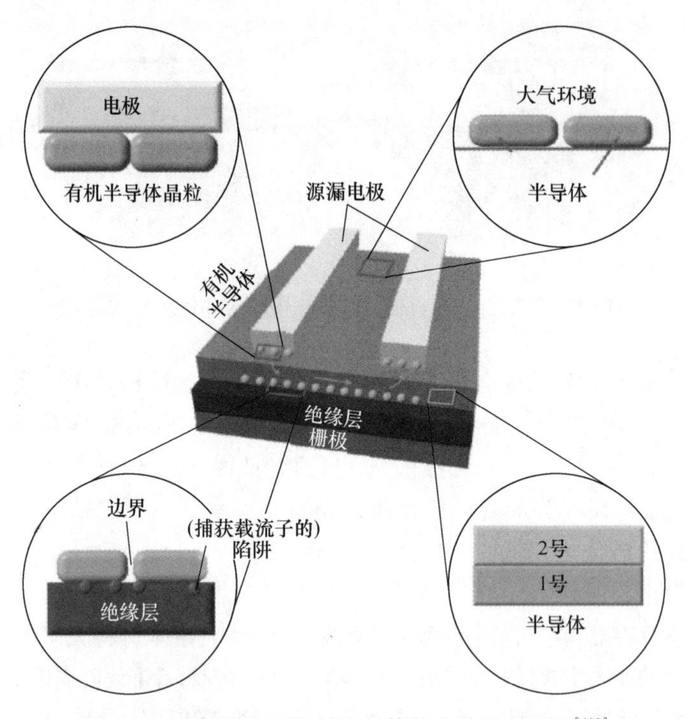

图 1-22 顶接触有机场效应晶体管中的四个界面[108]

有机场效应晶体管工作时，在栅极电压的作用下，感应电荷会积累在靠近绝缘层一侧的半导体层内，然后载流子在源漏电压的作用下从源电极注入，途径导电沟道，流向漏电极。由于有机应晶体管在工作时，导电沟道位于有机半导体内紧靠绝缘层的一个或者几个分子层内[17,18]，因此绝缘层的性质将会强烈影响着场效应晶体管的器件性能。其中绝缘层的性质主要分为本征性质和界面性质两大类。影响器件性能的绝缘层本征性质主要包括电容[109]、介电常数[110]和漏电流密度[65]等；而影响器件性能的绝缘层界面性质主要包括表面极性[111-114]、表面粗糙度[112,115-118]和总表面能[68,119-132]等，下面将对以上绝缘层的性质对于场效应晶体管器件性能的影响逐一进行讨论，分类汇总，并分析其中的矛盾。

1.4.2 绝缘层的性质对有机场效应晶体管性能的影响

影响器件性能的绝缘层本征性质主要包括电容[109]、介电常数[110]和栅极漏电流密度[65]等。据文献报道，当使用较大电容的绝缘层时，例如 TiO_2 和 Al_2O_3 等，更容易获得较低的阈值电压和较小的亚阈值斜率[109]。绝缘层的介电常数会对 OFETs 的操作电压和器件开启时所需要的阈值电压造成一定的影响。通常情况下对于介电常数而言，提高绝缘层的介电常数可以有效地降低 OFETs 的操作电压和阈值电压。Wang 等人以 P3HT 半导体作为活跃层，分别在具有较高介电常数的绝缘层上（TiO_2 和 Al_2O_3）制备有机场效应晶体管，将器件的操作电压降低到了小于-5V[110]。除了绝缘层的电容和介电常数会影响器件的性能，栅极漏电流的密度也是影响器件性能的一个主要因素[65]。Boer 等人选用并四苯和红荧烯分别在 SiO_2、ZrO_2 和 Ta_2O_5 三种绝缘层上制备有机场效应晶体管，发现在栅极漏电流密度较小的 Ta_2O_5 绝缘层上器件具有很好的稳定性，而且没有迟滞现象。作者通过大量实验得出，当绝缘层的栅极漏电流密度小于 $10^{-9}A/cm^2$ 时，可以保证有机场效应晶体管正常而稳定的工作[65]。

影响器件性能的绝缘层界面性质主要包括表面极性[111-114]、表面粗糙度[112,115-118]和表面能[68,119-132]等。由于表面能是本书的讨论重点，而且在文献报道的结果中存在着矛盾，因此将会在后面详细讨论。关于绝缘层的表面极性，无论是单晶场效应晶体管[111]还是薄膜场效应晶体管[112-114]，科研工作者通过实验观察到的结果是非极性绝缘层表面有利于高质量半导体薄膜的生长[112-114]，文献报道的结果都是绝缘层的极性越弱，甚至是非极性的绝缘层上，器件的性能越好[111-114]。对于绝缘层的表面粗糙度而言，目前只有关于薄膜场效应晶体管的文献报道，然而实验结果却存在着矛盾[112,115-118]。通常科研工作者们普遍认为在粗糙度较大的绝缘层上不利于有机薄膜的生长，导致薄膜形成较小的晶粒尺寸，产生较多的晶界，阻碍载流子的传输，从而降低场效应器件的性能，这也是多数文献报道的结果[112,115-117]。

然而 2005 年时，在有机场效应晶体管分析领域较权威的鲍哲南课题组却报道出与之相反的结果[118]。将 60nm 厚的并五苯薄膜分别沉积在 HMDS 和 OTS 修饰的二氧化硅表面的原子力显微镜（atomic force microscopy，AFM）和掠入射 X 射线衍射（grazing-incidence X-ray diffraction，GXRD）的数据图，如图 1-23 所示。其中 HMDS 和 OTS 修饰后二氧化硅绝缘层的表面粗糙度分别约为 0.5nm 和 0.1nm。然而根据实验数据的结果显示：在粗糙度较大的 HMDS 修饰二氧化硅的绝缘层上，器件迁移率高达 $(3.4\pm0.5)cm^2/(V \cdot s)$；而在粗糙度较低的 OTS 修饰二氧化硅的绝缘层上，器件迁移率最高只有 $(0.5\pm0.15)cm^2/(V \cdot s)$[118]，这与之前文献报道的结论和人们常规理解的结果是相悖的[112,115-117]，而作者通过 GXRD 数据的测量，同样是将迁移率的提高归因于在 HMDS 修饰的二氧化硅绝缘层上提高了并五苯薄膜的生长质量[118]。这个矛盾产生的原因可能是在绝缘层和半导体层界面之间存在着科研工作者目前还没有探索到的关系和影响因素。

1.4.3 绝缘层的表面能对有机场效应晶体管性能的影响

除了在前面汇总的绝缘层的本征性质和界面性质，在界面性质中还有一个影

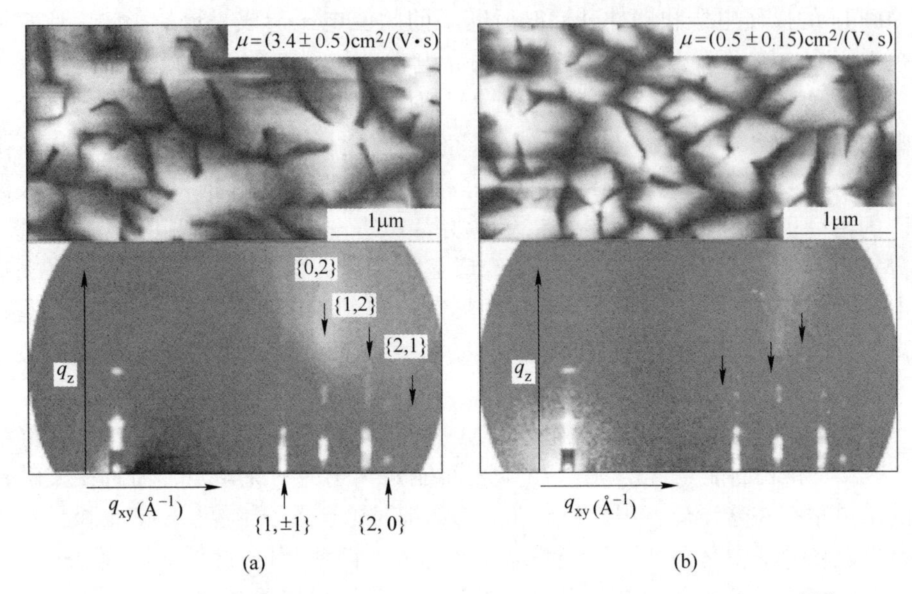

图 1-23　并五苯薄膜在 HMDS 和 OTS 修饰的二氧化硅绝缘层上形貌图[118]

响因素在实验报道中存在着矛盾，那就是绝缘层的表面能[68,119-132]。为了更深入地分析绝缘层表面能对器件性能的影响，首先需要了解表面能的概念以及测量和估测的方法。

1.4.3.1　表面能的概念

习惯上，人们通常把气/固和气/液的界面称为表面，而把固/液、液/液和固/固之间的过渡区域称为界面[133]。组成物质的分子间存在着分子间作用力，即范德瓦耳斯力。如图 1-24 所示，体内分子和表面分子所受的分子间作用力不同。体内分子所受到各个方向的力大小相等，方向相反，因此合力为零。而表面分

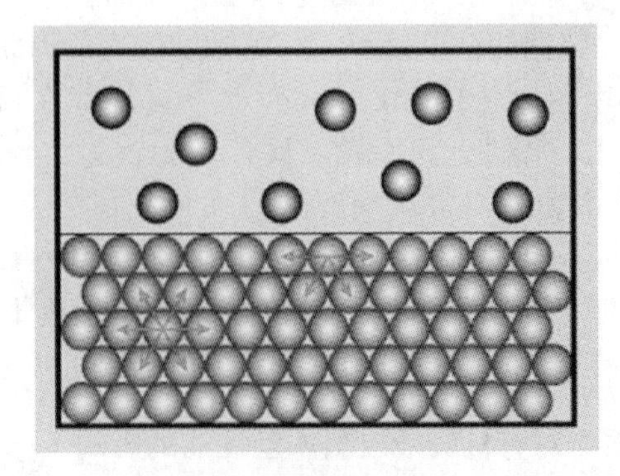

图 1-24　表面现象的微观成因图

子，则受力不均。从能量的角度，表面分子因受到垂直体内的作用力，因此表面分子比本体内分子具有额外的能量。这种能量就称作表面能[133-136]，通常用符号 γ 表示，单位为毫焦每平方米（mJ/m^2）。

1.4.3.2 表面能的获取方法

为了分析和比较固体表面能之间的大小关系，首先需要获得固体的表面能。而固体表面能的获取方法主要可以分为理论估算和实验测定两种。表面现象与原子或分子之间的作用力有关，特别是在界面上的那种不对称力。固体或液体的表面能可以根据原子或分子间的势函数来计算。通常来说，原子间的力是短程的；否则宏观体系中物质一部分的能量密度都会与原子间距离的大小有关，因而无法定义热力学的密度量。不过，影响到界面性质的力在一定限度内可以是相当长程的。它们来源于电力和量子交换力，可以分为排斥力和吸引力两种。当原子或分子间距离非常近，接近它们的直径时，起作用的主要是电子电荷间的排斥力。但当距离稍大（3nm~1μm）时，起作用的就是所谓的色散力或范德瓦耳斯力，以及因感应出现的双层电荷而产生的所谓双层力[133]。而对于不同类型的固体，表面能的理论估算方法也是不同的，主要分为共价键晶体、金属键晶体、离子晶体和分子晶体[133]。对于固体表面能的实验测定也有多种方法，例如温度外推法、受拉法和溶解法等。由于作者团队主要采用的是利用两种溶剂（极性和非极性）分别测量同种固体表面接触角，再根据 Young 方程获得的固体表面能，在此对该方法进行详细的介绍，其他方法读者可以在程传煊 1995 年版的《表面物理化学》[133]中第 1 章“物质表面”了解相关内容。

根据杨氏方程计算表面能，首先要了解接触角的概念。所谓接触角，即从固-液-气三相的交界处，由固液界面经过液体内部至液气界面的夹角，如图 1-25 所示。

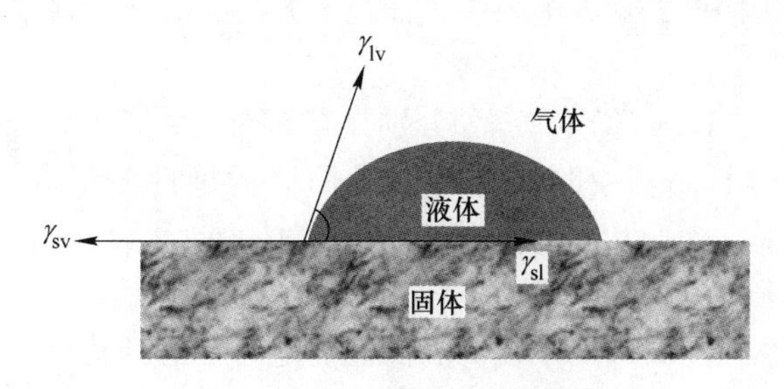

图 1-25 界面能量与接触角

1805 年，Young 指出，接触角的问题可当作平面固体上液滴受到三个界面张力的作用来处理[134,135]。当三个作用力达到平衡时，应有下面关系：

$$\gamma_{sv} = \gamma_{sl} + \gamma_{lv}\cos\theta \tag{1-7}$$

这就是著名的 Young 方程，式中，γ_{sv}为气-固界面间的表面张力；γ_{lv}为气-液界面间的表面张力；γ_{sl}为液-固界面间界面张力。根据 Young 方程，液体在固体表面上的接触角是γ_{sv}、γ_{lv}和γ_{sl}的函数。接触角和γ_{lv}都是测定的，因此只要另有一个独立的方程将γ_{sv}和γ_{sl}联系起来，即可求得γ_{sv}和γ_{sl}[137-139]。估算固体表面能的方法主要有 Girifalco-Good 法[140]、Fowkes 法[141]和 Owens-Wendt-Kaelble 法[142]等。

为了求得固体表面能的极性成分（γ_s^p），Owens-Wendt-Kaelble 计算方法将 Kaelble 对液-液界面的处理方法用于固-液界面[135,142]。根据 Kaelble 观点，如果固体与液体之间同时存在着极性力和色散力的相互作用，则固-液界面表面能应为：

$$\gamma_{sl} = \gamma_{sv} + \gamma_{lv} - 2\sqrt{\gamma_{sv}^p\gamma_{lv}^p} - 2\sqrt{\gamma_{sv}^d\gamma_{lv}^d} \tag{1-8}$$

式中，γ_{sv}^p和γ_{lv}^p分别为固体和液体表面能的极性分量；γ_{sv}^d和γ_{lv}^d分别为固体和液体表面能的色散分量，把式（1-8）代入 Young 方程（1-7）中，则得：

$$\gamma_{lv}(1 + \cos\theta) = 2\sqrt{\gamma_{sv}^p\gamma_{lv}^p} + 2\sqrt{\gamma_{sv}^d\gamma_{lv}^d} \tag{1-9}$$

式中有γ_{sv}^d和γ_{sv}^p两个未知数，但只要找到两个已知的探测液体就可求得，常用的是水和二碘甲烷。首先测这两种探测液体在固体表面上的接触角，分别把液体的表面张力和接触角的数据代入方程（1-9）中，得到两个独立的方程，解此方程组即可得γ_{sv}^d和γ_{sv}^p，二者相加即可获得固体表面的总表面能$\gamma_{sv}^{tot}=\gamma_{sv}^d+\gamma_{sv}^p$。

1.4.3.3 绝缘层表面能对有机场效应晶体管性能影响的发展现状

对于绝缘层表面能对器件性能的影响，文献报道的结论间是存在着矛盾的[68,119-132]。第一类结论是在低表面能的绝缘层上，更利于生长出均一致密的半导体薄膜，因此获得较高的器件迁移率[119-127]。图 1-26 所示是文献中报道的薄膜场晶体管器件迁移率与绝缘层表面能呈反比的关系图。其中横轴为绝缘层的表面能，纵轴为器件迁移率，随着绝缘层表面能的升高，器件迁移率呈现的是下降的趋势。

图 1-26（a）是 Park 等人在三种分别具有不同表面能的绝缘层上制备了并五苯薄膜场效应晶体管。其中测量并五苯表面能的极性分量和色散分量分别为 0.4mJ/m^{2}和 41.7mJ/m^2，从而得到并五苯的总表面能为 42.1mJ/m^2。并五苯薄膜的形貌如图 1-27 所示，图下方提供的是相应绝缘层的表面能。如图 1-27（c）所示，作者将迁移率的提高归因于在低表面能的绝缘层上，晶粒尺寸较小，晶粒之间的连接更紧密。

然而 Bae 等人同样采用并五苯薄膜作为半导体层，在四种具有不同表面能的绝缘层上，分别制备了并五苯薄膜场效应晶体管，并测试了器件性能。却得到了与之前报道的结论完全相反的实验结果。即在具有较高表面能的绝缘层上，得到了较高的器件性能，如图 1-28 所示，随着横轴绝缘层表面能的增加，纵轴的迁

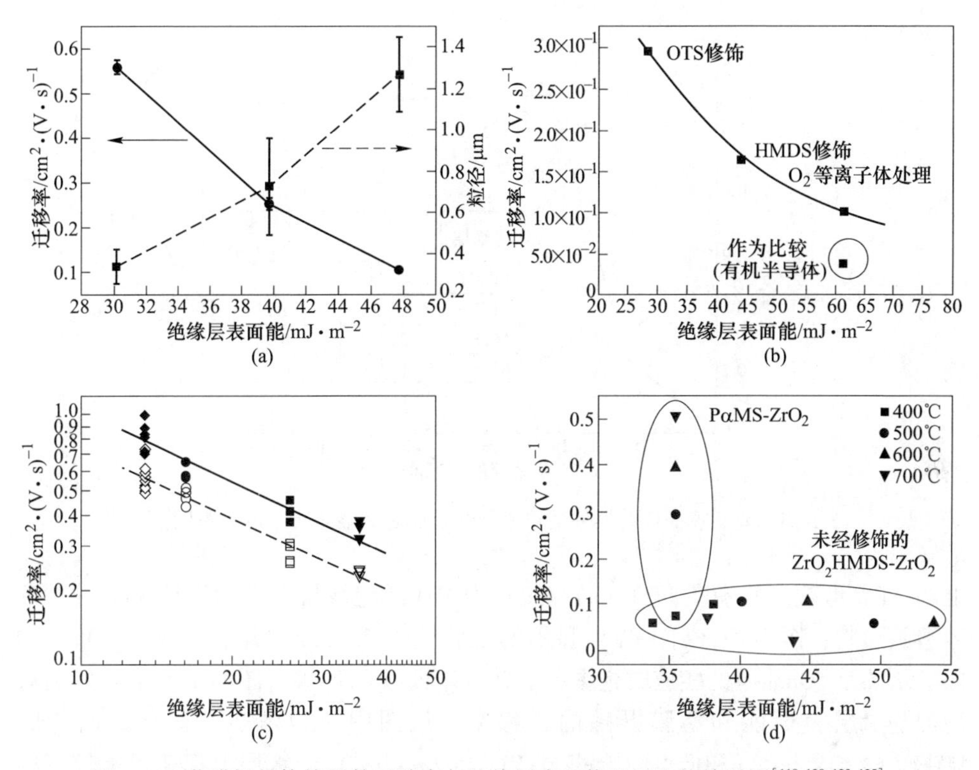

图 1-26 薄膜场晶体管器件迁移率与绝缘层表面能呈反比的关系图[119,120,123,125]

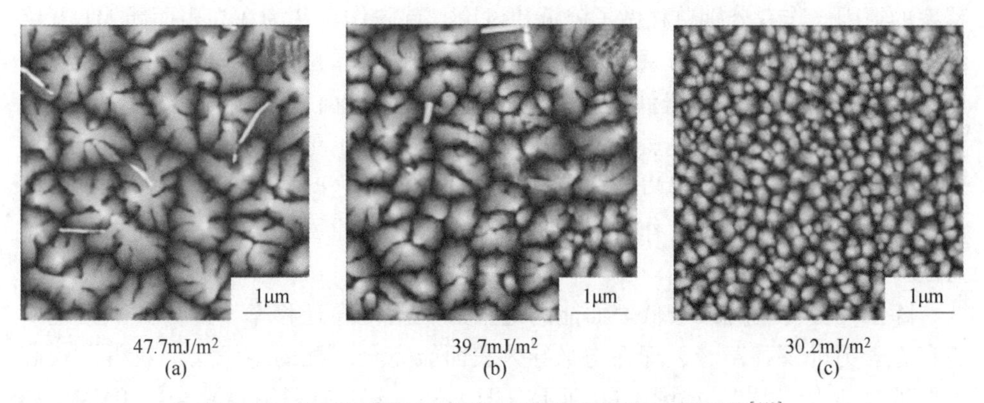

图 1-27 并五苯薄膜在不同表面能绝缘层的 AFM 形貌[119]

移率也是逐渐增加的[128]。其中文献作者给出的并五苯表面能极性分量和色散分量分别为 3. 0mJ/m²和 35. 3mJ/m²，从而得到并五苯的总表面能为 38. 3mJ/m²。

文献中作者同样利用 AFM 测试了并五苯薄膜在四种绝缘层上的薄膜形貌，并将并五苯薄膜的形貌与薄膜器件的迁移率数据进行对比分析，但分析的原因和结果之间存在着矛盾。如图 1-29 所示是并五苯薄膜在四种不同表面能的绝缘层

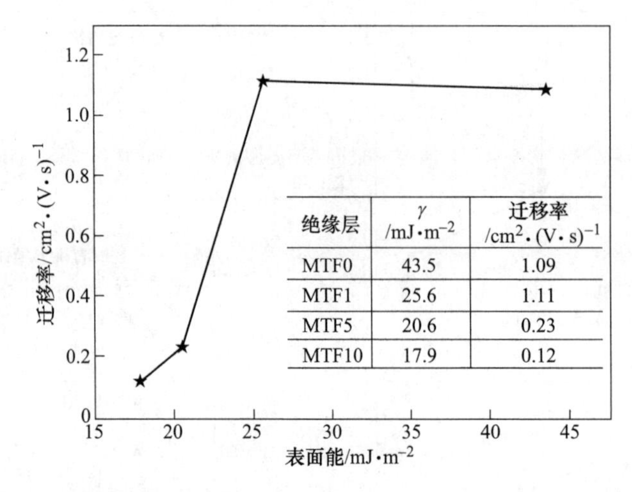

图 1-28 薄膜场晶体管器件迁移率与绝缘层表面能呈正比的关系图[128]

上的 AFM 形貌，其中图 1-29（a）~（d）为对应的绝缘层上初始生长 3nm 的并五苯薄膜形貌；图 1-29（e）~（h）显示的是后续生长 8nm 的并五苯薄膜形貌，插图显示的是 50nm 厚的相应的绝缘层上并五苯薄膜的形貌，图的下方给出的是对应的绝缘层表面能和薄膜器件的迁移率。从图中可以看出，在高表面能的 MTF0(43.5mJ/m^2）和低表面能的 MTF1(25.6mJ/m^2）绝缘层上都获得了较高的器件迁移率（1.09mJ/m^{2}和 1.11cm^2/(V·s)）。然而对于这两种绝缘层获得高迁移率的原因，作者分别单独做了分析和讨论。首先作者认为在高表面能 MTF0 绝缘层上，获得高迁移率的原因是由于并五苯薄膜的晶粒尺寸大，降低了晶界密度，从而获得了较高的器件迁移率；然而对于低表面能 MTF1 绝缘层的分析，高迁移率的原因则可能是虽然晶粒尺寸减小，产生了更多的晶界，但是这种均匀而紧密的并五苯晶粒可以使电荷载流子从并五苯之间毫不费力地跳跃，从而也获得了较高的迁移率。作者对于提高器件迁移率原因的分析，彼此之间是矛盾的。

除了在具有较高或较低表面能的绝缘层上获得高迁移率，部分文献报道中还存在着另外一种声音，即在与半导体表面能完全匹配的绝缘层上获得了较高的器件性能[68,129-132]。如图 1-30 所示，图 1-30（a）为采用将聚合物 PMMA 和 PS 互相混合，调节比例进而调节绝缘层的表面能，制备酞菁铜（copper phthalocyanine，CuPc）薄膜场效应晶体管，文献中给出的 CuPc 表面能约为 35.1mJ/m^2，当 PMMA 和 PS 混合后绝缘层的表面能接近 35mJ/m^{2}时，CuPc 薄膜场效应晶体管获得了最高的器件性能。图 1-30（b）为采用光敏聚酰亚胺（photosensitive polyimide，PSPI）修饰二氧化硅，利用调节紫外辐射剂量的方式来调控绝缘层的表面能，制备并五苯薄膜场效应晶体管后得到了与之相似的结

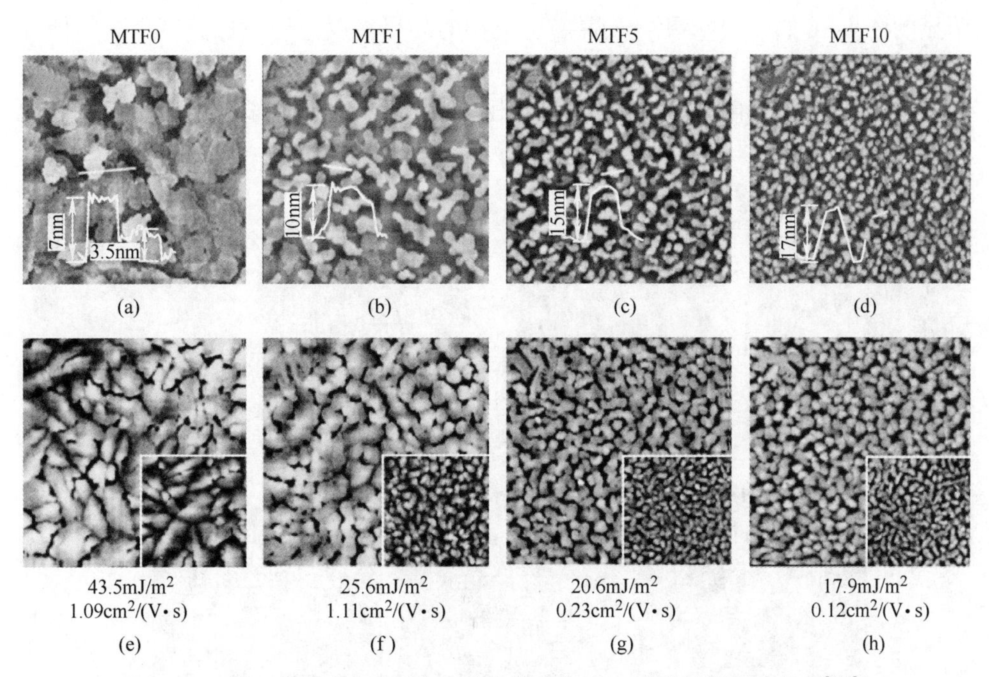

图 1-29　并五苯薄膜在不同表面能绝缘层的 AFM 形貌及器件迁移率[128]

论。文献中给出了的并五苯半导体的表面能为 38mJ/m²，当控制紫外辐射剂量使绝缘层的表面能与并五苯表面能相接近（约为 38mJ/m²）时，并五苯薄膜器件获得了最高迁移率。

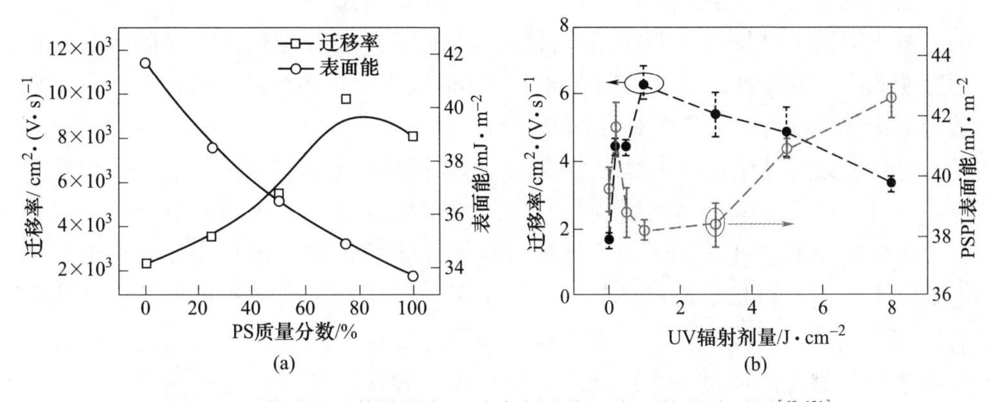

图 1-30　薄膜场晶体管器件迁移率与绝缘层表面能的关系图[68,131]

并五苯薄膜沉积在七种不同表面能绝缘层上的原子力图像如图 1-31 所示，从图像中分析图 1-31（a）和（b）没有明显的变化，然而迁移率却相差很大，图 1-31（c）和（d）也是如此，而且并五苯薄膜的形貌和其他绝缘层上相差最明显的图 1-31（g）中，更大的晶粒，更小的晶界密度，也没能获得更高的器件性能。表面能除了影响薄膜的生长形貌，还可能会影响载流子的传输，当半导体和绝缘层的表面能相接近的时候，阻碍载流子传输的能量减弱，进而获得更高的器件性能[130]。

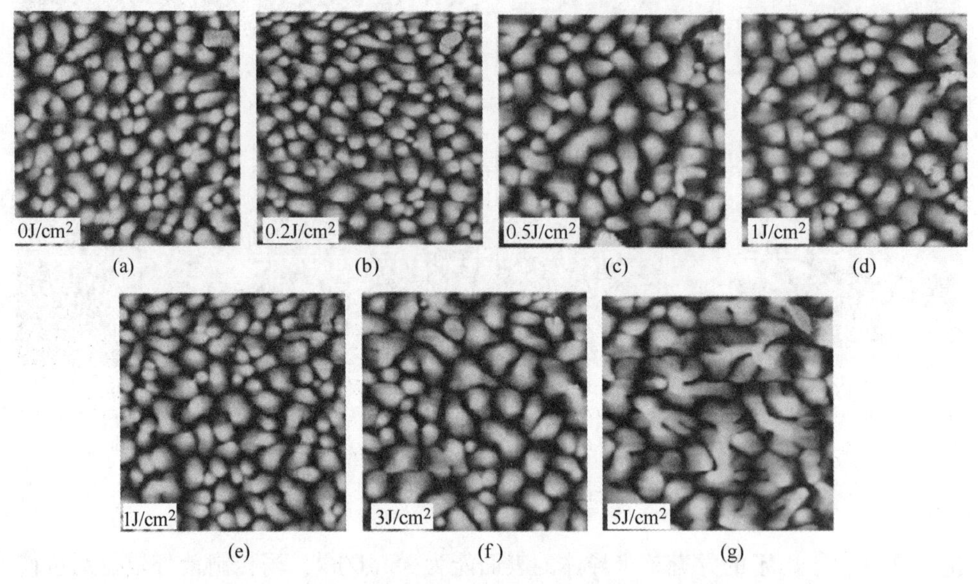

图 1-31　并五苯薄膜在不同表面能绝缘层的形貌[130]

目前报道的关于绝缘层表面能对薄膜器件性能的影响是有矛盾的，存在争议的，分析原因主要是由于绝缘层的性质（表面能）会首先影响薄膜的生长，进而影响载流子的传输。显然采用有机半导体薄膜来分析绝缘层的性质对于有机场效应晶体管器件性能的影响是存在弊端的。

有机场效应晶体管由于具有柔性、质轻等的优点受到科研工作者们的广泛关注。有机场效应晶体管是通过栅压与绝缘层来控制源漏电极之间电流的有源器件。器件的场效应迁移率不仅是评价有机半导体材料和晶体管器件的重要指标之一，更决定有机场效应晶体管的应用水平，因此目前提高有机场效应晶体管的迁移率仍然是关注的热点。有机场效应晶体管在工作时，导电沟道位于有机半导体内紧靠绝缘层的一个或几个分子层内，导致器件的电荷传输及电学性能强烈依赖于绝缘层的界面性质，因此绝缘层表面修饰成为了提高器件迁移率的主要方式之一。

在目前文献报道中，基于有机薄膜制备的薄膜晶体管，分析和讨论绝缘层性质影响器件性能的结论存在着矛盾。例如关于绝缘层的表面能对于并五苯薄膜器件性能的影响，不同课题组得到了不同的结论。分别是在低表面能[119-127]、高表面能[128]和与并五苯表面能相匹配[68,129-132]的绝缘层上获得了最高的器件性能。由于在薄膜器件中，绝缘层的界面性质会直接影响薄膜的生长，因此对于薄膜器件迁移率的提高，作者通常归因于提高了薄膜的生长质量[119,128]。然而在薄膜的生长质量中也存在着矛盾，例如对于晶粒较大的并五苯薄膜，提高迁移率的原因是晶粒尺寸增加，晶界密度减小，提高器件性能[128]；然而对于晶粒较小的并五苯薄膜，提高迁移率的原因则是晶粒尺寸减小，晶粒之间连接越紧密，更有利于载流子的传输，进而提高器件迁移率[119,128]。然而也有课题组分析和讨论了不同表面能的绝缘层上制备的并五苯薄膜器件，薄膜形貌没有明显差异，然而薄膜的器件性能却在与并五苯表面能匹配的绝缘层得到了最高值，分析原因，表面能匹配可能更有利于载流子的传输[129,130]。

众所周知，由于有机薄膜中存在着大量的缺陷、无序和晶界等，不仅降低了有机场效应晶体管的器件性能，更是掩盖了材料的本征性质，不利于对有机材料本征性能的分析。这也是导致在薄膜场效应器件中，不同课题组分析和讨论的绝缘层表面能对于器件迁移率的结论存在矛盾的主要原因。然而与之相比，有机单晶由于高度有序和无晶界等优点，不仅是构筑高性能器件的最佳选择之一，更能完美地揭示材料的本征性能等优点，近年来受到科研人的广泛关注。

本书针对有机电子学目前发展中存在的重点、难点和热点问题，基于有机单晶利用机械转移的方式制备单晶场效应晶体管，成功避免了绝缘层性质对晶体生长形貌的影响，直接研究绝缘层性质对与器件内载流子传输的影响。以具有优异空气和热稳定性的Ph5T2作为半导体层，结合有机单晶的特点，分别在多种绝缘层上制备高结晶度的Ph5T2单晶及场效应晶体管，探究绝缘层性质对Ph5T2有机单晶场效应晶体管器件性能的影响；并采用经典半导体材料并五苯和酞菁锌的单晶分别制备了并五苯单晶场效应晶体管和酞菁锌单晶场效应晶体管，对前期获得的实验规律进行验证；最后基于发现的规律制备了高迁移率的DNTT单晶场效应晶体管。

参 考 文 献

[1] Lilienfeld J E. Method and Apparatus for Controlling Electric Currents [M]. USA Patent No. 1, 745, 175. Filed 1926. Granted 1930.

[2] Lilienfeld J E. Amplifier for Electric Currents [M]. USA Patent No. 1, 877, 140. Filed 1928. Granted 1932.

[3] Lilienfeld J E. Device for Controlling Electric Current [M]. USA Patent 1, 900, 018. Filed 1928. Granted 1933.

[4] Shockley W, Pearson G L. Modulation of conductance of thin films of semiconductors by surface charges [J]. Phys. Rev., 1948, 74 (2): 232.

[5] 卢森锴. 晶体管发明60年 [J]. 大学物理, 2008, 27 (2): 1-6.

[6] Shirakawa H, Louis E J, MacDiarmid A G, et al. Synthesis of electrically conducting organic polymers: halogen derivatives of polyacetylene, $(CH)_x$ [J]. J Chem. Soc. Chem. Commun., 1977, 16 (16): 578-580.

[7] Tsumura A, Koezuka H, Ando T. Macromolecular electronic device: field-Effect transistor with a polythiophene thin film [J]. Appl. Phys. Lett., 1986, 49 (18): 1210-1212.

[8] Forrest S R. The path to ubiquitous and low-cost organic electronic appliances on plastic [J]. Nature, 2004, 428 (6986): 911-918.

[9] Facchetti A, Yoon M H, Marks T J. Gate dielectrics for organic field-effect transistors: new opportunities for organic electronics [J]. Adv. Mater, 2005, 17 (14): 1705-1725.

[10] Sirringhaus H. Device physics of solution-processed organic field-effect transistors [J]. Adv. Mater., 2005, 17 (20): 2411-2425.

[11] Reichmanis E, Katz H, Kloc C, et al. Plastic electronic devices: from materials design to device applications [J]. Bell Labs Tech. J., 2005, 10 (3): 87-105.

[12] Drury C J, Mutsaers C M J, Hart C M, et al. Low-cost all-polymer integrated circuits [J]. Appl. Phys. Lett., 1998, 73 (1): 108-110.

[13] Crone B, Dodabalapur A, Lin Y Y, et al. Large-scale complementary integrated circuits based on organic transistors [J]. Nature, 2000, 403 (6769): 521-523.

[14] Crone B, Dodanalapur A, Gelperin A, et al. Electronic sensing of vapors with organic transistors [J]. Appl. Phys. Lett., 2001, 78 (15): 2229-2231.

[15] Rogers J A, Bao Z, Baldwin K, et al. Paper-like electronic displays: large-area rubberstamped plastic sheets of electronics and microencapsulated electrophoretic inks [J]. Proc. Nat. Acade. Sic., 2001, 98 (9): 4835-4840.

[16] Heil O. Improvements in or relating to electrical amplifiers and other control arrangements and devices [M]. British Patent 439, 457. Filed and granted 1935.

[17] Dodabalapur A, Torsi L, Katz H E. Organic transistors: two-dimensional transport and improved Electrical Characteristics [J]. Science, 1995, 268 (5208): 270-271.

[18] Sancho-García J C, Horowitz G, Brédas J L, et al. Effect of an external electric field on the charge transport parameters in organic molecular semiconductors [J]. J Chem. Phys., 2003, 119 (23): 12563-12568.

[19] Sze S M. Semiconductor Devices: Physics and Technology [M]. Wiley, New York, 1985.

[20] Horowitz G. organic field-effect transistors [J]. Adv. Mater., 1998, 10 (5): 365-377.

[21] Menard E, Podzorov V, Hur S H, et al. High-performance n- and p-type single-crystal organic transistors with free-space gate dielectrics [J]. Adv. Mater., 2004, 16 (23/24): 2097-2101.

[22] 叶良修. 半导体物理学（下）[M]. 北京：高等教育出版社，1987.

[23] Zeis R, Besnard C, Siegrist T, et al. Field effect studies on rubrene and impurities of rubrene [J]. Chem. Mater., 2006, 18 (2): 244-248.

[24] Li L, Tang Q, Li H, et al. An ultra closely π-stacked organic semiconductor for high performance Field-Effect Transistors [J]. Adv. Mater., 2007, 19 (18): 2613-2617.

[25] Carlo A D, Piacenza F, Bolognesi A, et al. Influence of grain sizes on the mobility of organic thin-film transistors [J]. Appl. Phys. Lett., 2005, 86 (26): 263501.

[26] De Boer R W I, Gershenson M E, Morpurgo A F, et al. Organic single-crystal field-effect transistors [J]. Phys. Stat., Sol. (a) 2004, 201 (6): 1302-1331.

[27] Dimitrakopoulos C D, Purushothaman S, Kymissis J, et al. Low-voltage organic transistors on plastic comprising high-dielectric constant gate insulators [J]. Science, 1999, 283 (5403): 822-824.

[28] Zimmerling T, Batlogg B. Improving charge injection in high-mobility rubrene crystals: from contact-limited to channel-dominated transistors [J]. J. Appl. Phys., 2014, 115 (16): 164511.

[29] Bao Z, Lovinger A J, Brown J. New air-stable n-channel organic thin film transistors [J]. J. Am. Chem. Soc., 1998, 120 (1): 207-208.

[30] Tang Q, He M, Hu W, et al. Low threshold voltage transistors based on individual single-crystalline submicrometer-sized ribbons of copper phthalocyanine [J]. Adv. Mater., 2005, 18 (1): 65-68.

[31] Pernstich K P, Haas S, Oberhoff D, et al. Threshold voltage shift in organic field effect transistors by dipole monolayers on the gate Insulator [J]. J. Appl. Phys., 2004, 96 (11): 6431-6438.

[32] Na J, Huh J, Park S C, et al. Degradation pattern of SnO_2 nanowire field effect transistors [J]. Nanotechnology, 2010, 21 (48): 485201.

[33] Horowitz G, Garnier F, Yassar A, et al. Field-effect transistor made with a sexithiophene single crystal [J]. Adv. Mater., 1996, 8: 52-54.

[34] Kymissis I, Dimitrakopoulos C D, Purushothaman S. High-performance bottom electrode organic thin-film transistors [J]. IEEE Transactions on Electron Devices, 2001, 48 (6): 1060-1064.

[35] Roichman Y, Tessler N. Structures of polymer field-effect transistor: experimental and numerical analyses [J]. Appl. Phys. Lett., 2002, 80 (1): 151-153.

[36] Yi H T, Payne M M, Anthony J E, et al. Ultra-flexible solution-processed organic field-effect transistors [J]. Nat. Commun., 2011, 3 (4): 1259-1265.

[37] Fukuda K, Takeda Y, Yoshimura Y, et al. Fully-printed high-performance organic thin-film transistors and circuitry on one-micron-thick polymer films [J]. Nat. Commun., 2014, 5: 4147-4154.

[38] Sun Y, Liu Y, Zhu D, Advances in organic field-effect transistors [J]. J. Mater. Chem., 2005, 15 (1): 53-65.

[39] Wang C, Dong H, Hu W, et al. Semiconducting π-conjugated systems in field-effect transistors: a material odyssey of organic electronics [J]. Chem. Rev., 2012, 112 (4): 2208.

[40] He D, Zhang Y, Wu Q, et al. Two-dimensional quasi-freestanding molecular crystals for high-performance organic field-effect fransistors [J]. Nat. Commun., 2014, 5 (6): 5162-5168.

[41] Uno M, Nakayama K, Soeda J, et al. High-speed flexible organic field-effect transistors with a 3D structure [J]. Adv. Mater., 2011, 23 (27): 3047-3051.

[42] Fan J A, Yeo W H, Su Y, et al. Fractal design concepts for stretchable electronics [J]. Nat. Commun., 2014, 5 (2): 3266-3273.

[43] Jang K I, Chung H U, Xu S, et al. Soft network composite materials with deterministic and bio-inspired designs [J]. Nat. Commun., 2015, 6: 6566-6576.

[44] Maccioni M, Orgiu E, Cosseddu P, et al. Towards the textile transistor: assembly and characterization of an organic field effect transistor with a cylindrical geometry [J]. Appl. Phys. Lett., 2006, 89 (14): 143515.

[45] Hamedi M, Herlogsson L, Crispin X, et al. Fiber-embedded electrolyte-gated field-effect transistors for e-textiles [J]. Adv. Mater., 2009, 21 (5): 573-577.

[46] Webb R C, Bonifas A P, Behnaz A, et al. Ultrathin conformal devices for precise and continuous thermal characterization of human skin [J]. Nat. Mater., 2013, 12: 938-944.

[47] Shin M, Song J H, Lim G H, et al. Highly stretchable polymer transistors consisting entirely of stretchable device components [J]. Adv. Mater., 2014, 26 (22): 3706-3711.

[48] Kim D H, Lu N, Ma R, et al. Epidermal electronics [J]. Science, 2011, 333 (6044): 838-845.

[49] Liu K, Quyang B, Guo X, et al. Advances in flexible organic field-effect transistors and their applications for flexible electronice [J]. NPJ Flex. Electron, 2022, 6, 1-19.

[50] Knopfmacher O, Hammock M L, Appleton A L, et al. Highly stable organic polymer field-effect transistor sensor for selective detection in the marine environment [J]. Nat. Commun., 2014, 5 (1): 2954-2963.

[51] Yang S, Chen Y C, Nicolini L, et al. "Cut-and-paste" manufacture of multiparametric epidermal sensor systems [J]. Adv. Mater., 2015, 27 (41): 6423-6430.

[52] Irimia-Vladu M, Troshin P A, Reisinger M, et al. Biocompatible and biodegradable materials for organic field-effect transistors [J]. Adv. Funct. Mater., 2010, 20 (23): 4069-4076.

[53] Tian B, Liu J, Dvir T, et al. Macroporous nanowire nanoelectronic scaffolds for synthetic tissues [J]. Nat. Mater., 2012, 11 (11): 986-994.

[54] Acar H, Çınar S, Thunga M, et al. Study of physically transient insulating materials as a potential platform for transient electronics and bioelectronics [J]. Adv. Funct. Mater., 2014, 24 (26): 4135-4143.

[55] Tang B, Schneiderman D K, Bidoky F Z, et al. Printable, Degradable, and biocompatible ion gels from a renewable ABA triblock polyester and a low toxicity ionic liquid [J]. ACS Macro Lett., 2017, 6 (10): 1083-1088.

[56] Tsao H N, Mullen K. Improving polymer transistor performance via morphology control [J]. Chem. Soc. Rev., 2010, 39 (7): 2372-2386.

[57] Zhao T, Wei Z, Song Y, et al. Tetrathia [22] annulene [2,1,2,1]: physical properties, crystal structure and application in organic field-effect transistors [J]. J. Mater. Chem., 2007, 17 (41): 4377-4381.

[58] Yang D, Shin T J, Yang L, et al. Effect of mesoscale crystalline structure on the field-effect mobility of regioregular poly (3-hexyl thiophene) in thin-film transistors [J]. Adv. Funct. Mater., 2005, 15 (4): 671-676.

[59] Jiang L, Dong H, Meng Q, et al. Millimeter-sized molecular monolayer two-dimensional crystals [J]. Adv. Mater., 2011, 23 (18): 2059-2063.

[60] Ricci M, Spijker P, Voıtchovsky K. Water-induced correlation between single ions imaged at the solid-liquid interface [J]. Nat. Commun., 2014, 5: 5400-5407.

[61] Li H, Tee B C K, Cha J J, et al. High-mobility field-effect transistors from large-area solution grown aligned C60 single crystals [J]. J. Am. Chem. Soc., 2012, 134 (5): 2760-2765.

[62] Li H, Tee B C K, Giri G, et al. High-performance transistors and complementary inverters based on solution-grown aligned organic single-crystals [J]. Adv. Mater., 2012, 24 (19): 2588-2591.

[63] Zhang P, Tang Q, Tong Y, et al. Brush-controlled oriented growth of TCNQ microwire arrays for field-effect transistors [J]. J. Mater. Chem. C, 2016, 4 (3): 433-439.

[64] Zhao H, Li D, Dong G, et al. Volatilize-controlled oriented growth of the single-crystal layer for organic field-effect transistors [J]. Langmuir, 2014, 30 (40): 12082-12088.

[65] de Boera R W I, Iosad N N, Stassen A F, et al. Influence of the cate leakage current on the stability of organic single-crystal field-effect transistors [J]. Appl. Phys. Lett., 2005, 86 (3): 032103.

[66] Sekitani T, Zschieschang U, Klauk H, et al. Flexible organic transistors and circuits with extreme bending stability [J]. Nat. Mater., 2010, 9 (12): 1015-1022.

[67] Song S H, Shin H, Zhang X, et al. Photoresponsive behavior of 6, 13-Bis (triisopropylsilyl - ethynyl) pentacene/TiO_2 composite thin-film transistors [J]. J. Nanosci. Nano techno., 2017, 17 (10): 7155-7159.

[68] Gao J, Asadi K, Xu J B, et al. Controlling of the surface energy of the gate dielectric in organic field-effect transistors by polymer blend [J]. Appl. Phys. Lett., 2009, 94 (9): 093302.

[69] Gelinck G H, Huitema H E A, Veenendaal E V, et al. Flexible active-matrix displays and shift registers based on solution-processed organic transistors [J]. Nat. Mater., 2004, 3 (2): 106-110.

[70] Zhao X, Tong Y, Tang Q, et al. Wafer-scale coplanar electrodes for 3D conformal organic single-crystal circuits [J]. Adv. Electron. Mater., 2015, 1 (12): 1500239.

[71] Lee W H, Park J, Kim Y, et al. Control of graphene field-effect transistors by interfacial hydrophobic self-assembled monolayers [J]. Adv. Mater., 2011, 23 (30): 3460-3464.

[72] Jiang Y D, Jen T H, Chen S A. Excellent carrier mobility of 0.24 cm^2/Vs in regioregular poly (3-hexylthiophene) based field-effect transistor by employing octadecyltrimethoxysilane treated gate insulator [J]. Appl. Phys. Lett., 2012, 100 (2): 023304.

[73] Park S K, Jackson T N, Anthony J E, et al. High mobility solution processed 6, 13-bis (triisopropyl-silylethynyl) pentacene organic thin film transistors [J]. Appl. Phys. Lett., 2007,

91 (6): 063514.

[74] Feng L, Tang W, Xu X, et al. Ultralow-voltage solution-processed organic transistors with small gate dielectric capacitance [J]. IEEE Electron Device Lett., 2013, 34 (1): 129-131.

[75] Di C A, Yu G, Liu Y, et al. High-performance low-cost organic field-effect transistors with chemically modified bottom electrodes [J]. J. Am. Chem. Soc., 2006, 128 (51): 16418-16419.

[76] Yan H, Chen Z, Zheng Y, et al. A high-mobility electron-transporting polymer for printed transistors [J]. Nature, 2009, 457 (7230): 679-686.

[77] Feng L, Tang W, Zhao J, et al. All-solution-processed low-voltage organic thin-film transistor inverter on plastic Substrate [J]. IEEE Transactions on Electron Devices, 2014, 61 (4): 1175-1180.

[78] Zhang L, Wang H, Zhao Y, et al. Substrate-free ultra-flexible organic field-effect transistors and five-stage ring oscillators [J]. Adv. Mater., 2013, 25 (38): 5455-5460.

[79] 冯林润，唐伟，郭小军．有机薄膜晶体管的发展现状、机遇与挑战 [J]. 科技导报. 2017, 35 (17): 37-45.

[80] Bao Z, Lovinger A J, Dodabalapur A. Organic field-effect transistors with high mobility based on copper phthalocyanine [J]. Appl. Phys. Lett., 1996, 69 (26): 3066.

[81] Zeis R, Siegrist T, Kloc C. Single-crystal field-effect transistors based on copper phthalocyanine [J]. Appl. Phys. Lett., 2005, 86 (2): 022103.

[82] Lee S, Koo B, Shin J, et al. Effects of hydroxyl groups in polymeric dielectrics on organic transistor performance [J]. Appl. Phys. Lett., 2006, 88 (16): 162109.

[83] Jurchescu O D, Popinciuc M, van Wees B J, et al. Interface-controlled, high-mobility organic transistors [J]. Adv. Mater., 2007, 19 (5): 688-692.

[84] Choia J M, Jeonga S H, Hwang D K, et al. Rubrene thin-film transistors with crystalline channels achieved on optimally modified dielectric surface [J]. Org. Electron., 2009, 10 (1): 199-204.

[85] Takeya J, Yamagishi M, Tominari Y, et al. Very high-mobility organic single-crystal transistors with in-crystal conduction channels [J]. Appl. Phys. Lett., 2007, 90 (10), 102120.

[86] Reese C, Bao Z. Organic Single-Crystal Field-Effect Transistors [J]. Mater. Today, 2007, 10 (3): 20-27.

[87] Reese C, Bao Z. Organic single crystals: tools for the exploration of charge transport phenomena in organic materials [J]. J. Mater. Chem., 2006, 16 (4): 329-333.

[88] Schon J H, Berg S, Kloc C, et al. Ambipolar pentacene field-effect transistors and inverters. Science, 2000, 287 (5455): 1022-1023.

[89] 何杰，夏建白．半导体科学与技术 [M]. 北京：科学出版社，2017.

[90] Liu Y, Zhao X, Cai B, et al. Controllable fabrication of oriented micro/nanowire arrays of dibenzo-tetrathiafulvalene by a multiple drop-casting method [J]. Nanoscale, 2014, 6: 1323-1328.

[91] Liu S, Wu J K, Fan C C, et al. Large-scale fabrication of field-effect transistors based on

solution-grown organic single crystals [J]. Sci. Bull., 2015, 60 (12): 1122-1127.

[92] Huang Z T, Xue G B, Wu J K, et al. Electron transport in solution-grown TIPS-pentacene single crystals: effects of gate dielectrics and polar impurities [J]. Chin. Chem. Lett., 2016, 27 (12): 1781-1787.

[93] Tang Q, Jiang L, Tong Y, et al. Micrometer- and nanometer-sized organic single-crystalline transistors [J]. Adv. Mater., 2008, 20 (15): 2947-2951.

[94] Fu X, Wang C, Li R, et al. Organic single crystals or crystalline micro/nanostructures: preparation and field-Effect transistor applications [J]. Sci. Chi. Chem., 2010, 53 (6): 1225-1234.

[95] Podzorov V, Sysoev S E, Loginova E, et al. Single-crystal organic field effect transistors with the hole mobility ~ 8 cm^2/Vs [J]. Appl. Phys. Lett., 2003, 83 (17): 3504-3506.

[96] Roberson L B, Kowalik J, Tolbert L M, et al. Pentacene disproportionation during sublimation for field-Effect transistors [J]. J. Am. Chem. Soc., 2005, 127 (9): 3069-3075.

[97] Moon H, Zeis R, Borkent E J, et al. Synthesis, crystal structure, and transistor performance of tetracene derivatives [J]. J. Am. Chem. Soc., 2004, 126 (47): 15322-15323.

[98] Jurchescu O D, Baas J, Palstra T T M. Effect of impurities on the mobility of single crystal pentacene [J]. Appl. Phys. Lett., 2004, 84 (16): 3061-3063.

[99] 刘雅玲,李洪祥,胡文平,等. 有机单晶场效应晶体管 [J]. 化学进展, 2006, 18 (2/3): 189-199.

[100] Zhao X, Zhang B, Tang Q, et al. Conformal transistor arrays based on solution-processed organic crystals [J]. Sci. Rep., 2017, 7 (1): 15367.

[101] Sundar V C, Zaumseil J, Podzorov V, et al. Elastomeric transistor stamps: reversible probing of charge transport in organic crystals [J]. Science, 2004, 303 (5664): 1644-1646.

[102] Zhao X, Ding X, Tang Q, et al. Photolithography-compatible conformal electrodes for high-performance bottom-contact organic single-crystal transistors [J]. J. Mater. Chem. C, 2017, 5 (48): 12699-12706.

[103] Jiang L, Gao J, Wang E, et al. Organic single-crystalline ribbons of a rigid "h" -type anthracene derivative and high-performance, short-channel field-effect transistors of individual micro/nanometer-sized ribbons fabricated by an "organic ribbon mask" technique [J]. Adv. Mater., 2008, 20 (14): 2735-2740.

[104] Lv A, Puniredd S R, Zhang J, et al. High mobility, air stable, organic single crystal transistors of an n-type diperylene bisimide [J]. Adv. Mater., 2012, 24 (19): 2626-2630.

[105] Deng L, Tong Y, Wang G, et al. Organic single-crystal nanowire transistor fabricated by glass fiber mask method [J]. IEEE Trans. Electron Devices, 2016, 63 (2): 787-792.

[106] Podzorov V. Organic Single Crystals: addressing the fundamentals of organic electronics [J]. MRS Bulletin, 2013, 38 (1): 15-24.

[107] Podzorov V. Menard E, Borissov A, et al. Intrinsic charge transport on the surface of organic semiconductors [J]. Phys. Rev. Lett. 2004, 93 (8): 086602.

[108] Di C, Liu Y, Yu G, et al. Interface engineering: an effective approach toward high-performance organic field-effect transistors [J]. Acc. Chem. Res., 2009, 42 (10): 1573-1583.

[109] Swensen J, Kanicki J, Heeger A J. Influence of gate dielectrics on electrical properties of F8T2 polyfluorene thin film transistors [J]. In: Dimitrakopoulos C D, Dodabalapur A. Organic Field Effect Transistors Ⅱ. Bellingham: Spie-Int Soc Optical Engineering, 2003, 5217: 159-166.

[110] Wang G, Moses D, Heeger A J, et al. Poly (3-hexylthiophene) field-effect transistors with high dielectric constant gate insulator [J]. J. Appl. Phys., 2004, 95 (1): 316-322.

[111] Islam M M, Pola S, Tao Y T. Effect of interfacial structure on the transistor properties: probing the role of surface modification of gate dielectrics with self-assembled monolayer using organic single-crystal field-Effect transistors [J]. ACS Appl. Mater. Interfaces, 2011, 3 (6): 2136-2141.

[112] Shin K, Yang S Y, Yang C, et al. Effects of polar functional groups and roughness topography of polymer gate dielectric layers on pentacene field-effect transistors [J]. Org. Electron., 2007, 8 (4): 336-342.

[113] Lu Y, Lee W H, Lee H S, et al. Low-voltage organic transistors with titanium oxide/polystyrene bilayer dielectrics [J]. Appl. Phys. Lett., 2009, 94 (11): 113303.

[114] Wünsche J, Tarabella G, Bertolazzi S, et al. The correlation between gate dielectric, film growth, and charge transport in organic thin film transistors: the case of vacuum-sublimed tetracene thin films [J]. J. Mater. Chem. C, 2013, 1: 967-976.

[115] Knipp D, Street R A, Völkel A, et al. Pentacene thin film transistors on inorganic dielectrics: morphology, structural properties, and electronic transport [J]. J. Appl. Phys., 2003, 93 (1): 347-355.

[116] Knipp D, Street R A, Völkel A R. Morphology and electronic transport of polycrystalline pentacene thin-film transistors [J]. Appl. Phys. Lett., 2003, 82 (22): 3907-3909.

[117] Steudel S, Vusser S D, Jonge S D, et al. Influence of the dielectric roughness on the performance of pentacene transistors [J]. Appl. Phys. Lett., 2004, 85 (19): 4400-4402.

[118] Yang H, Shin T J, Ling M M, et al. Conducting AFM and 2D GIXD studies on pentacene thin films [J]. J. Am. Chem. Soc., 2005, 127 (33): 11542-11543.

[119] Yang S Y, Shin K, Park C E. The Effect of gate-dielectric surface energy on pentacene morphology and organic field-effect transistor characteristics [J]. Adv. Funct. Mater., 2005, 15 (11): 1806-1814.

[120] Lim S C, Kim S H, Lee J H, et al. Surface-treatment effects on organic thin-film transistors [J]. Synth. Met., 2005, 148 (1): 75-79.

[121] Yang H, Kim S H, Yang L, et al. Pentacene nanostructures on surface-hydrophobicity-controlled polymer/SiO_2 bilayer gate-dielectrics [J]. Adv. Mater., 2007, 19 (19): 2868-2872.

[122] Miskiewicz P, Kotarba S, Jung J, et al. Influence of surface energy on the performance of

organic field effect transistors based on highly oriented, zone-cast layers of a tetrathiafulvalene derivative [J]. J. Appl. Phys., 2008, 104 (5): 054509.

[123] Umeda T, Kumaki D, Tokito S. Surface-energy-dependent field-effect mobilities up to 1 cm^2/Vs for polymer thin-film transistor [J]. J. Appl. Phys., 2009, 105 (2): 024516.

[124] Nayak P K, Kim J, Cho J, et al. Effect of cadmium arachidate layers on the growth of pentacene and the performance of pentacene-based thin film transistors [J]. Langmuir, 2009, 25 (11): 6565-6569.

[125] He W, Xu W, Peng Q, et al. Surface modification on solution processable ZrO_2 high-k dielectrics for low voltage operations of organic thin film transistors [J]. J. Phys. Chem. C, 2016, 120 (18): 9949-9957.

[126] Yoo S, Yi M H, Kim Y H, et al. One-pot surface modification of poly (ethylene-alt-maleic anhydride) gate insulators for low-voltage DNTT thin-film transistors [J]. Org. Electron., 2016, 33: 263-268.

[127] Prisawong P, Zalar P, Reuveny A, et al. Vacuum ultraviolet treatment of self-assembled monolayers: a tool for understanding growth and tuning charge transport in organic field-effect transistors [J]. Adv. Mater., 2016, 28 (10): 2049-2054.

[128] Kwak S Y, Choi C G, Bae B S. Effect of surface energy on pentacene growth and characteristics of organic thin-film transistors [J]. Electrochem. Solid-State Lett., 2009, 12 (8): G37-G39.

[129] Chou W Y, Kuo C W, Cheng H L, et al. Effect of surface free energy in gate dielectric in pentacene thin-film transistors [J]. Appl. Phys. Lett., 2006, 89 (11): 112126.

[130] Chou W Y, Kuo C W, Chang C W, et al. Tuning surface properties in photosensitive polyimide. Material design for high performance organic thin-film transistors [J]. J. Mater. Chem., 2010, 20 (26): 5474-5480.

[131] Wei C Y, Kuo S H, Hung Y M, et al. High-mobility pentacene-based thin-film transistors with a solution-processed barium titanate insulator [J]. IEEE Electron Device Lett., 2011, 32 (1): 90-92.

[132] Liu C, Zhu Q, Jin W, et al. The Ultraviolet-ozone effects on organic thin-film transistors with double polymeric dielectric layers [J]. Synth. Met., 2011, 161 (15/16): 1635-1639.

[133] 程传煊. 表面物理化学 [M]. 北京: 科学技术文献出版社, 1995.

[134] 王中平, 孙振平, 金明. 表面物理化学 [M]. 上海: 同济大学出版社, 2015.

[135] 顾惕人, 李外廊, 马季铭, 等. 表面化学 [M]. 北京: 科学出版社, 1994.

[136] Wu S. Polymer Interface and Adhesion [M]. Marcel Dekker, New York, 1982.

[137] Erbil H V, Meric R A. Determination of surface free energy components of polymers from contact angle data using nonlinear programming methods [J]. Colloids and Surfaces, 1988, 33 (1/2): 85-97.

[138] Janczuk B, Bialopiotrowicz T. Surface free-energy components of liquids and low energy solids and contact angles [J]. J. Colloid Interface Sci., 1989, 127 (1): 189-204.

[139] Janczuk B, Bialopiotrowicz T. The total surface free energy and the contact angle in the case of

low energetic solids [J]. J. Colloid Interface Sci. , 1990, 140 (2): 362-372.

[140] Good R J. Contact Angle, Wettability and Adhesion [M]. ACS, Washington, D. C. , 1964.

[141] Fowkes F M. Contact Angle, Wettability, and Adhesion [M]. ACS, Washington, D. C. , 1964.

[142] Kaelble D H. Dispersion-polar surface tension properties of organic solids [J]. J. Adhesion 1970, 2 (2): 66-81.

2 Ph5T2 单晶场效应晶体管的制备及其性能分析

Ph5T2(dinaphtho[3,4-d:3′,4′-d′]benzo[1,2-b:4,5-b′]dithiophene) 是由中国科学院长春应化所耿延候和田洪坤课题组合成的一种新型的 p 型有机小分子材料[1]。分子结构式如图 2-1 所示，Ph5T2 材料由七个杂环组合而成，其中包括 5 个苯环和 2 个噻吩环（thiophene）。Ph5T2 具有−5.85eV 的 HOMO 能级，这也是材料和器件稳定性的前提[1]。Ph5T2 具有 3.04eV 的带隙，这也决定了纯净的 Ph5T2 粉末在空气中呈现淡白色。

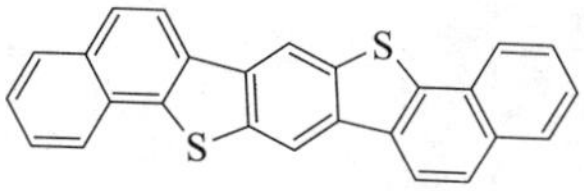

图 2-1 Ph5T2 分子结构式[1]

如图 2-2 所示，在对联六苯（*para*-sexiphenyl，*p*-6P）修饰的二氧化硅绝缘层上制备的 Ph5T2 薄膜场效应晶体管的迁移率可以达到 1.2cm²/(V·s)，开关比高达 10^6；而且在空气中具有良好的稳定性，在 80%的湿度环境下存放 3 个月后，器件性能没有明显下降[1]。

Ph5T2 有机半导体材料不仅其薄膜晶体管具有良好的稳定性[1]，而且利用物理气相输运法制备的有机单晶还有超薄和柔性等优点[2]。如图 2-3 所示，东北师范大学汤庆鑫课题组的赵晓丽等人采用物理气相输运的技术生长了 Ph5T2 的有机单晶。图 2-3（a）给出的是 Ph5T2 的结构式；从图 2-3（b）中的光学显微镜照片可以看出晶体附着在硅衬底表面，但从颜色上可以明显区分出晶体的厚度，土黄色的为超薄的晶体。从图 2-3（c）中的扫描电镜图可以看到 Ph5T2 晶体呈现出不同的形状，有菱形、棒状，还有不规则的片状结构。从图 2-3（d）的原子力显微镜图中可以明显看到 Ph5T2 单晶的厚度，而土黄色的超薄的晶体仅有 18nm[2]。

在有机场效应晶体管内存在着电极和半导体之间的接触和注入电阻以及导电沟道附近的沟道电阻，而超薄的晶体可以减小电极和半导体之间的接触电阻[2,3]。为了降低接触电阻对机理分析的影响，通常需要采用超薄的晶体来分析和讨论有机半导体材料的本征性质。赵晓丽等人也通过大量的实验分析得出了 Ph5T2 有机

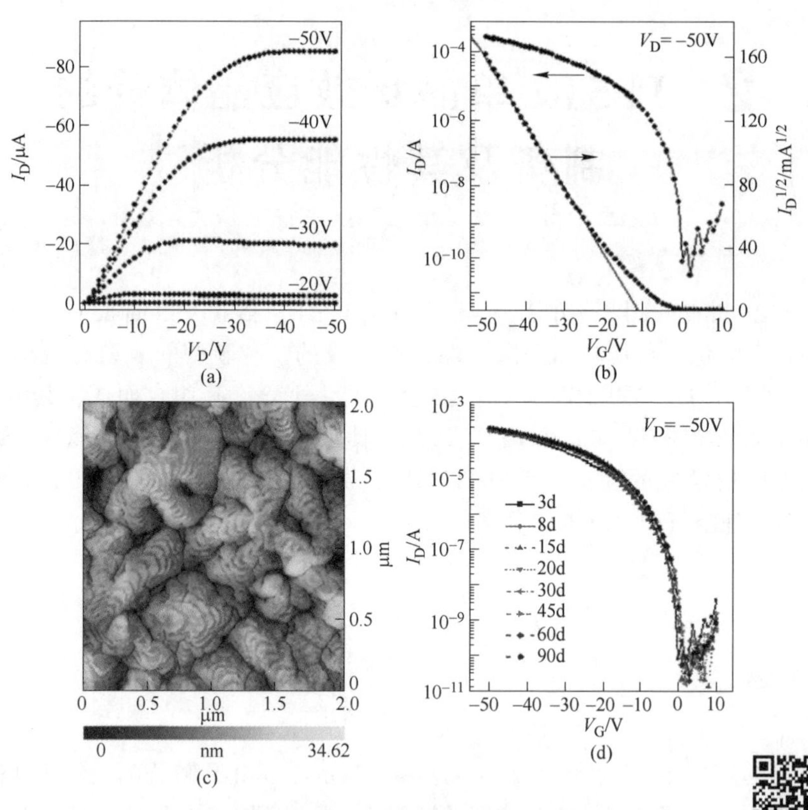

图 2-2　Ph5T2 薄膜场效应晶体管的薄膜形貌和特性曲线[1]

（a）Ph5T2 薄膜场效应晶体管典型的输出特性曲线；

（b）Ph5T2 薄膜场效应晶体管典型的转移特性曲线；

（c）Ph5T2 薄膜形貌的原子力显微镜图像；

（d）Ph5T2 薄膜场效应晶体管对数下的转移特性曲线（便于计算开关比）

扫描二维码
查看彩图

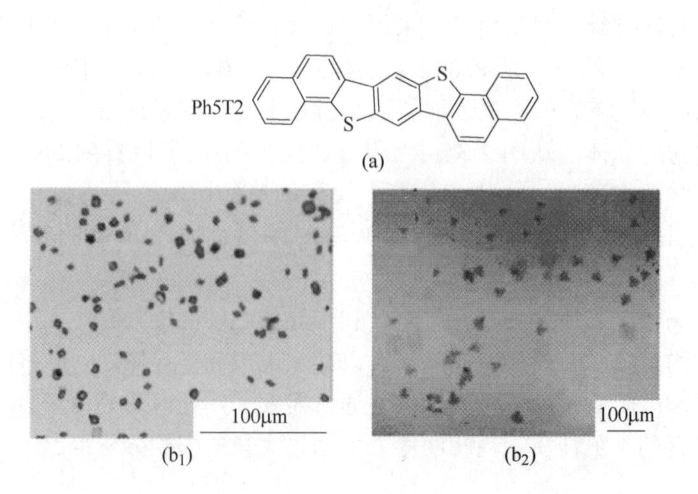

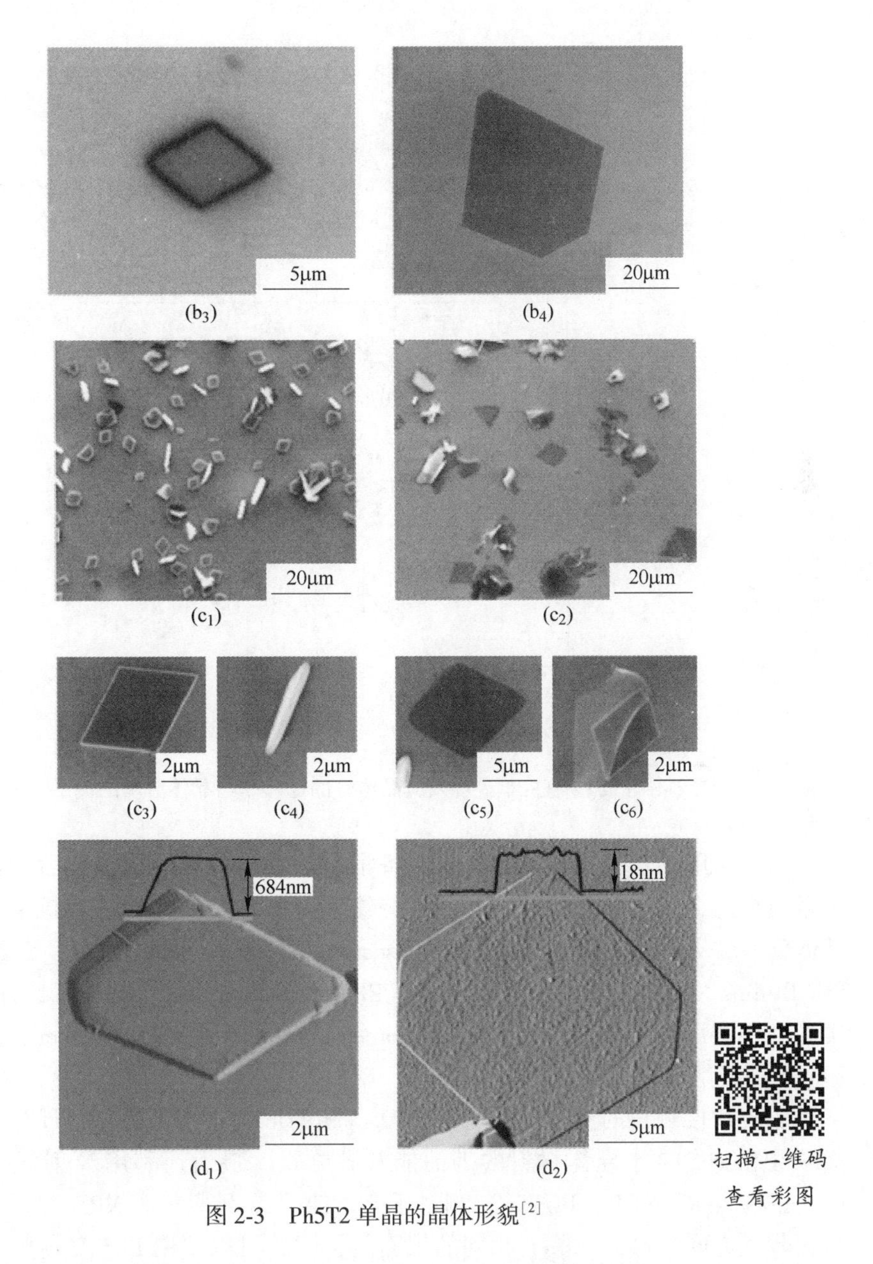

图 2-3 Ph5T2 单晶的晶体形貌[2]

单晶场效应晶体管的迁移率与 Ph5T2 晶体厚度成反比的关系，如图 2-4 所示，随着晶体厚度的增加，Ph5T2 单晶器件的迁移率呈现下降的趋势[2]。采用超薄的晶体在提高器件性能的同时，减小接触电阻的干扰更能突显出对于半导体本征性质的分析。为了用高迁移率的 Ph5T2 单晶场效应晶体管来分析绝缘层表面能对于 Ph5T2 器件性能的影响，作者团队采用超薄的 Ph5T2 有机单晶进行实验。

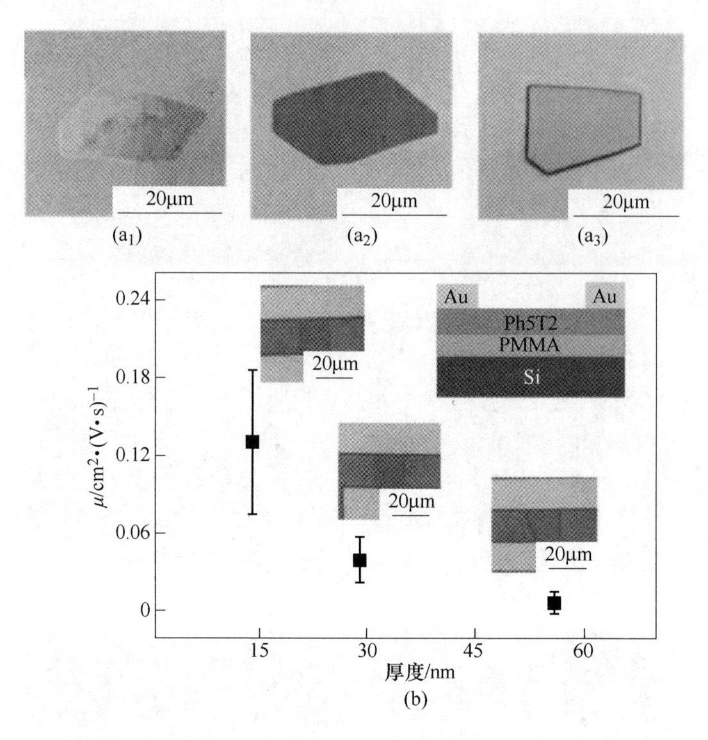

图 2-4 Ph5T2 有机单晶场效应晶体管的迁移率与晶体厚度的关系[2]

本章采用物理气相输运的技术制备了 Ph5T2 的有机单晶，然后利用没有热辐射损伤的金膜印章的方法，在八种绝缘层上制备了 Ph5T2 的有机单晶场效应晶体管，并利用扫描电子显微镜（scanning electron microscope，SEM，Micro FEI Philips XL-30 ESEM FEG）表征了 Ph5T2 单晶和场效应晶体管器件的形貌。实验中还利用原子力显微镜（atomic force microscopy，AFM，Bruker，Dimension Icon）和接触角测量仪（drop shape analyzer，DSA，DSA110）对八种绝缘层进行了形貌和接触角的测量，并对 Ph5T2 薄膜的形貌进行了优化，计算出了八种绝缘层和 Ph5T2 半导体材料的表面能及其分量。最后还利用 X 射线衍射（X-Ray diffraction，XRD，Rigaku）测量了 Ph5T2 单晶和薄膜的 XRD 数据，证明单晶和薄膜为同一晶向，具有相同的表面能，因此可以使用 Ph5T2 薄膜的表面能来代替 Ph5T2 材料或单晶的表面能。最后通过对比分析 Ph5T2 单晶场效应晶体管在八种绝缘层上的迁移率，分析和讨论了绝缘层的表面能对于 Ph5T2 单晶场效应晶体管器件性能的影响。通过实验对比得出了绝缘层表面能的极性分量和色散分量共同影响着 Ph5T2 单晶场效应晶体管的迁移率；而且当绝缘层与 Ph5T2 半导体表面能的两个分量越匹配，Ph5T2 单晶器件迁移率越高的结论。

2.1 Ph5T2 单晶的生长及表征

2.1.1 Ph5T2 单晶的生长

本实验中采用由传统的物理气相输运技术[4]生长的 Ph5T2 有机单晶。图 2-5 所示是实验室自行组装的透明水平管式炉，炉体被一个支架所支撑。这个透明水平管式炉的设计不仅便于观察原料的升华温度和沉积区的位置，而且采用了内外双管的真空作为绝缘层，更有利于提高升温和降温的速度。实验中首先把用丙酮和乙醇依次清洗干净的硅片衬底放入干净的石英管内的低温区（沉积区）；然后把合成并提纯好的 Ph5T2 原料放在干净的石英舟内，并将带有原料的石英舟置于炉体的高温区，用于生长 Ph5T2 有机单晶。根据多次摸索的实验条件，首先利用机械泵将整个炉体抽到机械泵的极限真空状态 0.1Pa，然后用约 25sccm 的流速将 99.999%的高纯氮气作为载气通入炉体内。左侧通入载气，右侧机械泵抽真空，在 Ph5T2 单晶的生长过程中，将炉体的压强维持在 25Pa。调整好炉体压强后，设定生长温度和时间分别为 240℃ 和 10min，随后执行操作。炉子内的 Ph5T2 原料在设定的生长温度和生长时间后会自然冷却降至室温，晶体生长结束后，放气并打开炉体，在内管低温区的硅片上就会沉积出白色的 Ph5T2 片状晶体。

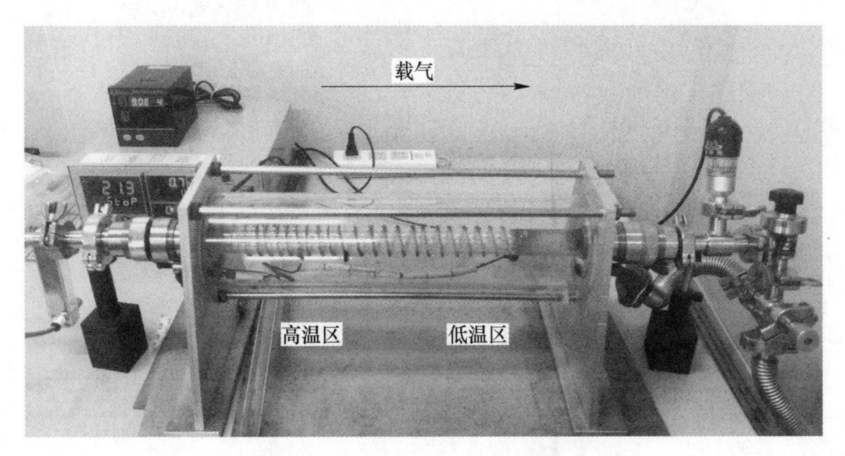

图 2-5 透明水平管式炉的实物图

物理气相输运法是一种具有普适性的生长有机单晶的技术，对其他很多有机半导体材料单晶的生长也是非常有效的，例如本书第三章和第四章的实验中所使用的有机单晶，包括传统的并五苯和酞菁锌（ZnPc），以及 DNTT 等都是采用物理气相输运的方法获得的。

2.1.2　Ph5T2 单晶的表征

作者团队利用物理气相输运方法生长的 Ph5T2 有机单晶如图 2-6 所示，从图 2-6 中可以看出 Ph5T2 的单晶是附着在衬底上的。首先利用扫描电子显微镜（scanning electron microscope，SEM，Micro FEI Philips XL-30 ESEM FEG）和光学显微镜（Olympus，BX51）表征了 Ph5T2 单晶的形貌。从图 2-6（c）的光学显微镜图和图 2-6（d）的偏振光显微镜（0°，90° 和 180°）下观察 Ph5T2 单晶，发现衬底上的每一个 Ph5T2 晶体都表现出规则的形状和均一的颜色，这与之前报道的 Ph5T2 单晶形貌一致[2]。

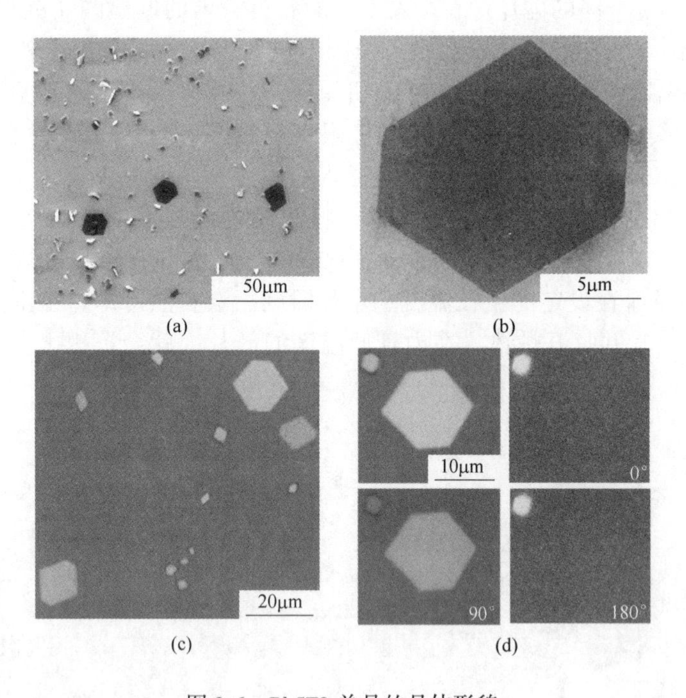

图 2-6　Ph5T2 单晶的晶体形貌

对 Ph5T2 晶体进行 X 射线衍射（X-Ray diffraction，XRD）测试，实验结果如图 2-7 所示。Ph5T2 晶体的 XRD 图中显示出获得的 Ph5T2 单晶有两个比较强且尖锐的峰，精确为 $2\theta=5.06°$ 和 10.12°。它们分别对应着 c 轴，即［001］晶向的一级和二级衍射峰[2]。根据理论计算，这两个衍射峰是倍数的关系，这不仅表明［001］晶向是择优生长取向，而且表明 Ph5T2 晶体的生长方向［001］是垂直于衬底层状生长的[5,6]。这与图 2-6 中的 SEM 图和光学显微镜的形貌一致，从图 2-6 中显示的结果来看，大量的 Ph5T2 晶体是附着在衬底平贴着生长的。根据一级衍射峰的位置（$2\theta=5.06°$）可以计算出晶体的面间距约为 1.745nm，接近文献中报道 Ph5T2 的分子长度 1.805nm[1]，表明了 Ph5T2 分子是垂直于衬底立着生长的。

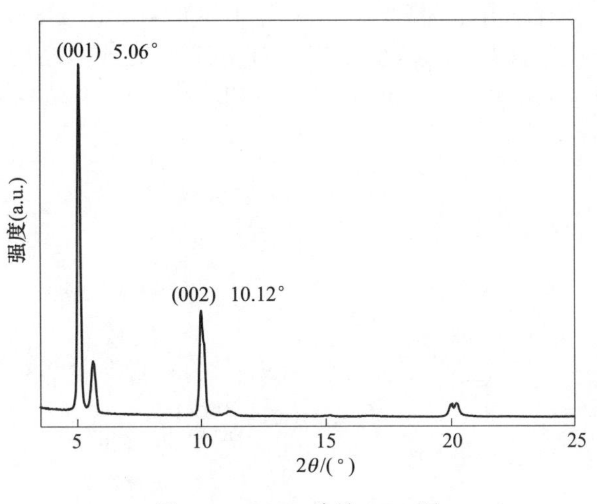

图 2-7 Ph5T2 单晶 XRD 图

2.2 绝缘层的制备及表征

2.2.1 绝缘层的选择及制备

目前文献报道中关于有机场效应晶体管的绝缘层种类主要包括聚合物和单分子修饰绝缘层，作者团队的实验中八种绝缘层的选取是根据文献报道中最常用的原则。首先是聚合物绝缘层，文献报道中，聚合物绝缘层最常见的是聚甲基丙烯酸甲酯（polymethyl-methacrylate，PMMA）[2,7-10] 和聚苯乙烯（polystyrene，PS）[8-11]，分子结构式如图 2-8 中的 PMMA 和 PS 所示，而且科研工作者们公认 PMMA 是极性绝缘层，PS 是非极性绝缘层，这便于比较聚合物绝缘层的极性对于 Ph5T2 器件性能的影响。还有一种常用于修饰二氧化硅表面而提高迁移率的聚合物苯并环丁烯（divinyltetramethyldisiloxane-bis（benzocyclobutene），BCB）[12-14]，分子结构式如图 2-8 中的 BCB/SiO_2 所示，BCB 是在液相制备单晶阵列和提高 n 型半导体场效应晶体管迁移率的分析和讨论中比较常用的材料。另一类是单分子修饰二氧化硅作为绝缘层，用于提高有机场效应器件的性能。通过物理或化学键合的单分子修饰绝缘层，最常见的就是十八烷基三氯硅烷（octadecyltrichloro silane，OTS）[1,2,15-17]，分子结构式如图 2-8 中的 OTS/SiO_2 所示，从图中可以看出 OTS 分子具有 18 个碳链，科研人员通过实验普遍认为 OTS 修饰后的二氧化硅绝缘层表面是弱极性或者非极性的。为了对比单分子修饰后绝缘层的极性对于 Ph5T2 器件性能的影响，实验中选取了巯丙基三甲氧基硅烷（(γ-mercaptopropyl) trimethoxysilane，MPT）作为极性单分子修饰二氧化硅并作为绝缘层的代表，分子式如图 2-8 中的 MPT/SiO_2 所示。还有一种是采用真空沉积小分子的方式修饰二氧化硅表面来改善绝缘层的界面性质，对六联苯（*para*-sexiphenyl，*p*-6P）就是最常用的一种有机小分子材料[1,18,19]，分子结构式如图 2-8 中的 *p*-6P/SiO_2 所示。还选取了一种由田洪坤课题组合成的与 *p*-6P 具有相似结构的有机小分子材料（2,7-bis(4-biphenylyl)-phenanthrene，BPPh）[20]，分子结构式如图 2-8 中的 BPPh/SiO_2 所示。

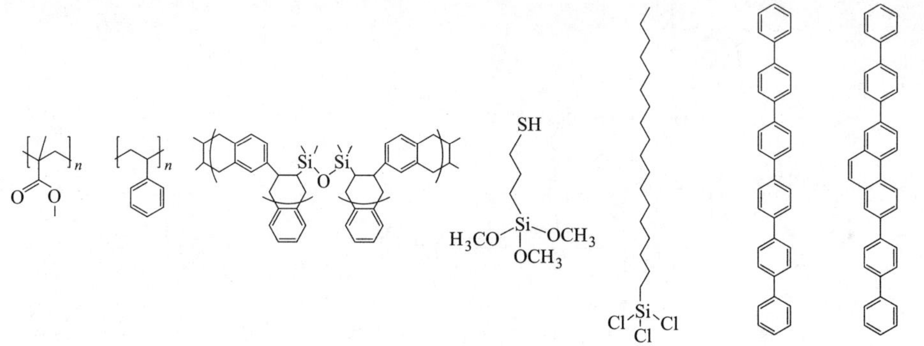

PMMA　PS　BCB/SiO_2　MPT/SiO_2　OTS/SiO_2　*p*-6P/SiO_2　BPPh/SiO_2

图 2-8　绝缘层表面分子结构式

对于使用的硅衬底和二氧化硅绝缘层，实验中采用丙酮和乙醇多次清洗，并用二次去离子水冲洗后吹干。（1）聚合物 PMMA 和 PS 绝缘层的制备：首先将 PMMA 和 PS 的颗粒以 60mg/mL 和 50mg/mL 浓度溶于苯甲醚和甲苯溶剂中，然后以 4000r/min 的转速在干净的硅片上旋涂 40s，最后在 100℃ 的高温干燥箱内退火 5min。（2）BCB/SiO_2 绝缘层的制备：BCB 材料首先按照 1∶30 的体积比稀释于二甲基溶液中，然后旋涂在干净的二氧化硅表面，最后在 290℃ 的加热台上热交联。（3）MPT/SiO_2 绝缘层的制备：在室温环境下，将清洗干净的二氧化硅衬底放置在 20Pa 真空的干燥器中，在腔体内加入 30μL 的 MPT 气氛下，暴露 20min 即完成 MPT 的气相修饰。（4）OTS/SiO_2 绝缘层的制备：实验中采用溶液法在二氧化硅表面修饰 OTS，首先将干净的二氧化硅衬底在食人鱼洗液（浓硫酸和双氧水的体积比为 7∶3）中浸泡 30min，然后再将处理好的二氧化硅衬底在 OTS 和正庚烷溶剂体积比为 1∶1000 的溶液中浸泡 3h，最后在 100℃ 的高温干燥箱内退火 5min。（5）*p*-6P/SiO_2 和 BPPh/SiO_2 绝缘层的制备：*p*-6P 和 BPPh 是通过真空蒸发沉积在二氧化硅表面。在沉积过程保证腔体的压强约为 10^{-4} ~ 10^{-5}Pa，沉积速率为 0.16Å/s，沉积温度分别为 80℃ 和 100℃。

2.2.2　绝缘层的表征

首先采用原子力显微镜对八种绝缘层进行了形貌的表征，AFM 实验数据如图 2-9 所示。图 2-9（a）~（h）分别是八种绝缘层，图的下方是该绝缘层表面的

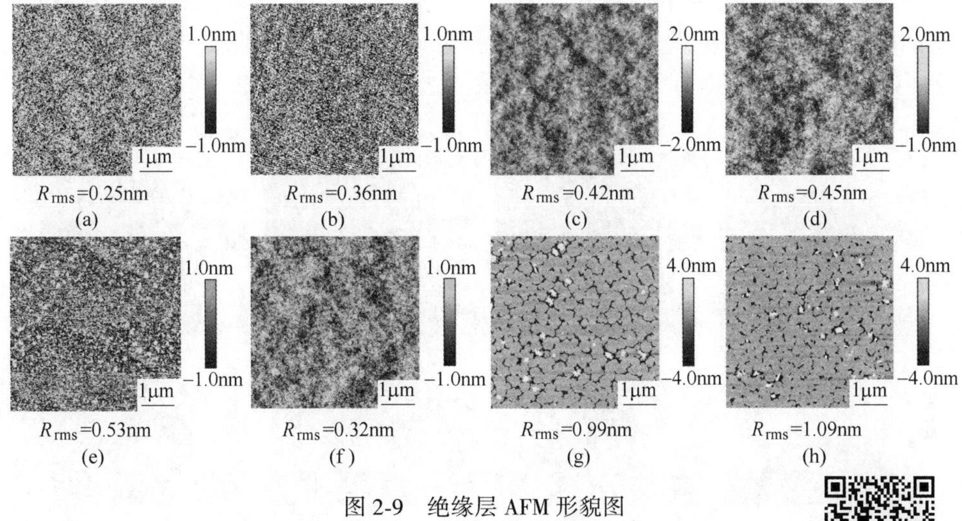

图 2-9 绝缘层 AFM 形貌图

(a) SiO_2；(b) MPT/SiO_2；(c) PMMA；(d) BCB/SiO_2；

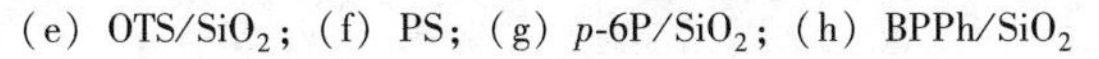
(e) OTS/SiO_2；(f) PS；(g) *p*-6P/SiO_2；(h) BPPh/SiO_2

扫描二维码
查看彩图

粗糙度。从图中可以看出聚合物绝缘层、气相或液相修饰的单分子作为绝缘层，其粗糙度均在 0.5nm 左右，而采用真空蒸发沉积的 *p*-6P 和 BPPh 的粗糙度在 1nm 左右。

根据第 1 章中计算表面能的方法，如方程式（2-1）所示，计算一个固体表面能的前提是需要获得两种已知表面能分量（极性和非极性）的溶剂在该固体表面上的接触角，然后将方程式（2-1）联立成方程组，即可解出待测固体的表面能及其分量。

$$1 + \cos\theta = \frac{2(\gamma_s^d)^{1/2}(\gamma_{lv}^d)^{1/2}}{\gamma_{lv}} + \frac{2(\gamma_s^p)^{1/2}(\gamma_{lv}^p)^{1/2}}{\gamma_{lv}} \tag{2-1}$$

式中，有 γ_s^d 和 γ_s^p 两个未知量，也是需要通过计算获得的绝缘层表面能的色散和极性分量；γ_{lv}^d 和 γ_{lv}^p 分别是目标溶剂的色散和极性分量，本实验中选用的两种测试溶剂都是最常用的，分别是极性溶剂去离子水（deionized water，DI water）和非极性溶剂二碘甲烷（diiodomethane，DIM），两种溶剂的极性和色散分量见表 2-1。本书实验中所有半导体和绝缘层表面能都采用这种方法计算。

表 2-1 去离子水和二碘甲烷表面能的极性分量和色散分量

溶 剂	极性分量/mJ · m^{-2}	色散分量/mJ · m^{-2}	总表面能/mJ · m^{-2}
去离子水	51.0	21.8	72.8
二碘甲烷	0.0	50.8	50.8

为了计算绝缘层的表面能，利用接触角测量仪（drop shape analyzer，DSA，

DSA110）分别测量了水和二碘甲烷在八种绝缘层上的接触角，如图 2-10 所示。为了减小实验中存在的偶然误差，实验时在每种绝缘层上至少测试了五个独立的点，获得的实验结果显示每个接触角在数值上的差异不超过 2°。

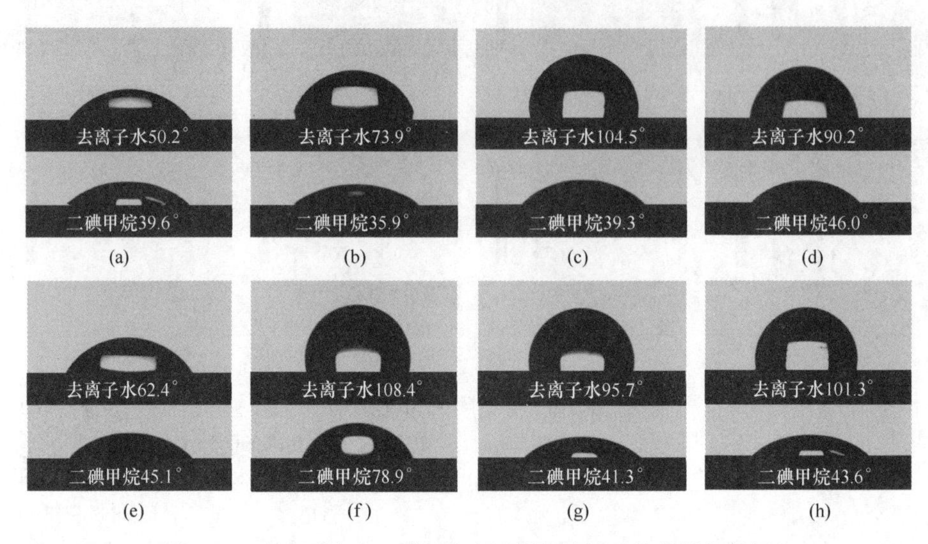

图 2-10　去离子水和二碘甲烷在不同绝缘层上的接触角数据

（a）SiO_2；（b）PMMA；（c）PS；（d）BCB/SiO_2；（e）MPT/SiO_2；（f）OTS/SiO_2；（g）*p*-6P/SiO_2；（h）BPPh/SiO_2

将表 2-1 中去离子水和二碘甲烷的极性和色散分量以及这两种溶剂在同一个绝缘层上的接触角数值代入根据方程式（2-1）中，联立两个方程组即可分别计算出绝缘层表面能的极性和色散分量，将二者加和便可获得该绝缘层的总表面能。同样采用上述计算表面能的方法，分别计算了八种绝缘层的表面能极性和色散分量，并对数据进行了平均值和方差的统计，见表 2-2。

表 2-2　去离子水和二碘甲烷在不同绝缘层表面的接触角及相应表面能的极性和色散分量

绝缘层	接触角/(°) 平均值±标准偏差		γ^p/mJ · m^{-2} 平均值±标准偏差	γ^d/mJ · m^{-2} 平均值±标准偏差	γ^{tot}/mJ · m^{-2} 平均值±标准偏差
	去离子水	二碘甲烷			
SiO_2	50. 94±0. 87	40. 04±0. 48	17. 60±0. 42	39. 59±0. 24	57. 19±0. 62
MPT/SiO_2	62. 82±0. 48	44. 32±1. 02	11. 76±0. 35	37. 37±0. 54	49. 13±0. 39
PMMA	73. 92±0. 27	35. 92±0. 38	5. 25±0. 09	41. 60±0. 18	46. 85±0. 22
BCB/SiO_2	89. 30±0. 92	47. 00±0. 78	1. 54±0. 16	35. 93±0. 42	37. 47±0. 56
OTS/SiO_2	109. 38±0. 67	79. 04±0. 29	0. 40±0. 07	17. 99±0. 15	18. 39±0. 16
PS	99. 02±0. 51	38. 04±0. 55	0. 02±0. 01	40. 58±0. 27	40. 60±0. 27

续表 2-2

绝缘层	接触角/(°) 平均值±标准偏差		γ^p/mJ · m^{-2} 平均值±标准偏差	γ^d/mJ · m^{-2} 平均值±标准偏差	γ^{tot}/mJ · m^{-2} 平均值±标准偏差
	去离子水	二碘甲烷			
p-6P/SiO_2	95.70±0.32	42.30±1.07	0.29±0.04	38.43±0.56	38.72±0.53
BPPh/SiO_2	101.04±0.68	43.82±0.65	0.02±0.01	37.64±0.34	37.65±0.34

注：γ^p—极性分量；γ^d—色散分量；γ^{tot}—总表面能，$\gamma^{tot}=\gamma^p+\gamma^d$。

由于 *p*-6P 和 BPPh 分子是通过真空蒸发沉积在二氧化硅表面，因此优化了 *p*-6P 和 BPPh 的形貌来确定这两种绝缘层的表面能，相应的 AFM 形貌如图 2-11 所示。从图中可以看出在 1nm 和 3nm 时分子没有完全覆盖二氧化硅表面，到 5nm 时才形成完整的膜。

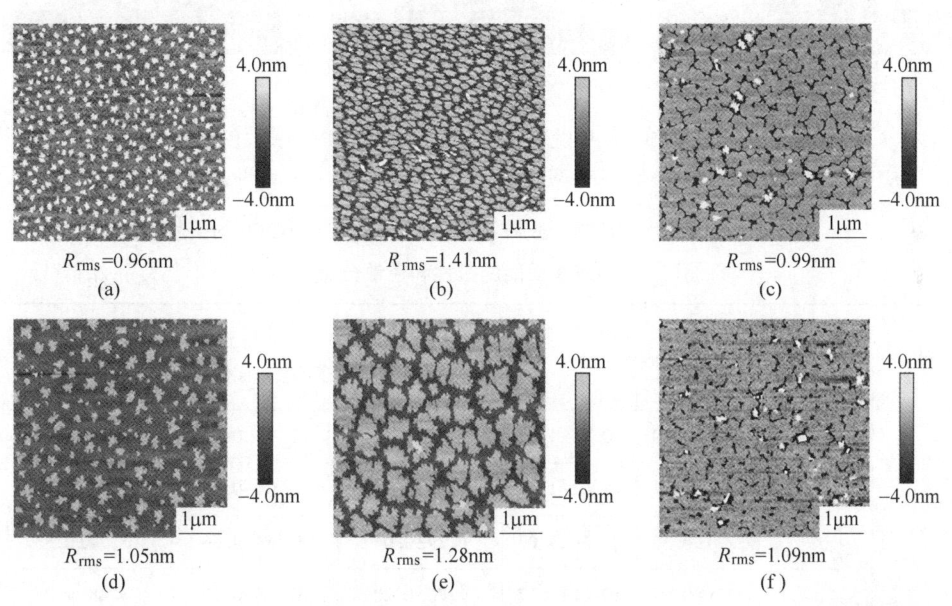

图 2-11 *p*-6P 和 BPPh 不同厚度的 AFM 形貌图

(a) *p*-6P 1nm；(b) *p*-6P 3nm；(c) *p*-6P 5nm；(d) BPPh 1nm；(e) BPPh 3nm；(f) BPPh 5nm

扫描二维码查看彩图

同样在三种不同厚度的 *p*-6P 和 BPPh 修饰层上获得了水和二碘甲烷的接触角，如图 2-12 所示，并根据前面描述的计算方法获得了不同厚度下 *p*-6P 和 BPPh 修饰层的表面能及其分量，详细数据见表 2-3。根据 *p*-6P 和 BPPh 的 AFM 形貌，考虑到覆盖度的问题，最后选取了 5nm 厚 *p*-6P 和 BPPh 修饰层的表面能，作为该材料的表面能。

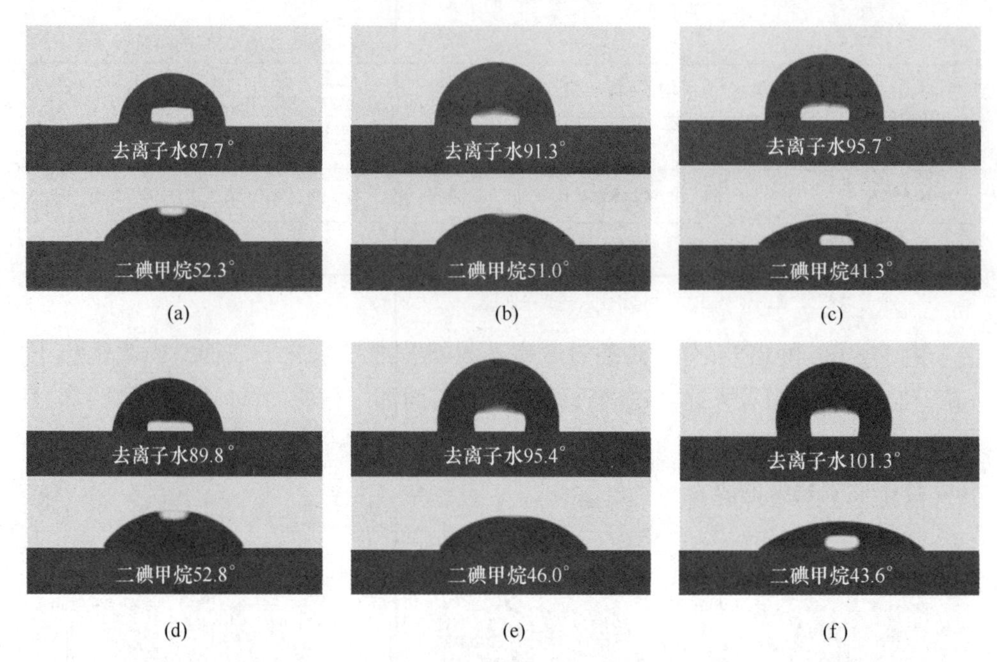

图 2-12　去离子水和二碘甲烷在不同厚度 *p*-6P 和 BPPh 表面的接触角数据

（a）*p*-6P 1nm；（b）*p*-6P 3nm；（c）*p*-6P 5nm；（d）BPPh 1nm；（e）BPPh 3nm；（f）BPPh 5nm

表 2-3　去离子水和二碘甲烷在不同厚度的 *p*-6P 和 BPPh 的接触角及相应表面能的极性和色散分量

修饰层	沉积厚度/nm	接触角/(°) 平均值±标准偏差		γ^{p}/mJ·m^{-2} 平均值±标准偏差	γ^{d}/mJ·m^{-2} 平均值±标准偏差	γ^{tot}/mJ·m^{-2} 平均值±标准偏差
		去离子水	二碘甲烷			
p-6P	1	87.20±1.88	50.98±1.72	2.42±0.42	33.72±0.97	36.14±1.17
	3	90.70±1.87	48.62±1.43	1.38±0.36	35.04±0.79	36.41±0.93
	5	**95.70±0.32**	**42.30±1.07**	**0.29±0.04**	**38.43±0.56**	**38.72±0.53**
BPPh	1	90.58±0.87	52.66±0.17	1.70±0.20	32.78±0.10	34.48±0.25
	3	95.16±0.55	46.48±0.65	0.50±0.05	36.21±0.36	36.71±0.37
	5	**101.04±0.68**	**43.82±0.65**	**0.02±0.01**	**37.64±0.34**	**37.65±0.34**

注：γ^{p}—极性分量；γ^{d}—色散分量；γ^{tot}—总表面能，$\gamma^{tot}=\gamma^{p}+\gamma^{d}$。

为了准确地计算 Ph5T2 场效应器件的迁移率，利用电学测试系统分别测试了八种绝缘层电容随电压的变化曲线，如图 2-13 所示。其中图 2-13（a）是测量电容的示意图，采用金/绝缘层/硅结构的平板电容器来测量绝缘层的电容。首先制备八种绝缘层，在四周用高温胶带将绝缘层衬底固定在蒸镀样品台上充当掩膜，然后蒸镀 30nm 厚的金电极，蒸镀结束后去掉高温胶带即可获得一个平板电容器。图 2-13（b）中显示聚合物绝缘层 PMMA 和 PS 的电容分别为 $10nF/cm^2$ 和 $9.33nF/cm^2$；小分子 MPT、OTS、*p*-6P 和 BPPh 修饰 SiO_2 绝缘层的电容仍然是 $10nF/cm^2$，而聚合物 BCB 修饰 SiO_2 的双绝缘层电容为 $8.23nF/cm^2$。

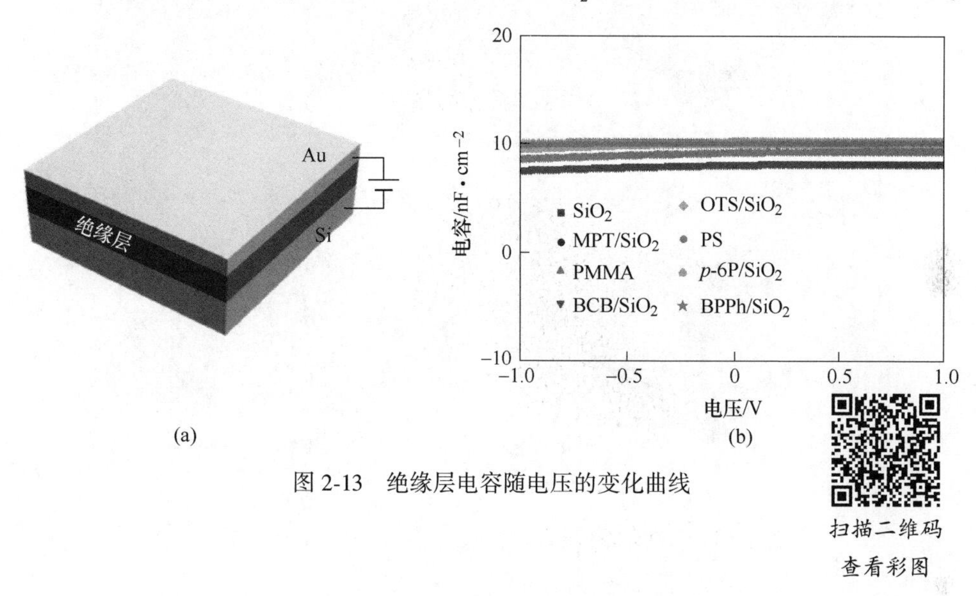

图 2-13 绝缘层电容随电压的变化曲线

2.3 绝缘层性质对 Ph5T2 单晶场效应晶体管性能的影响

2.3.1 Ph5T2 单晶场效应晶体管的制备及表征

实验中采用金膜印章法制备的 Ph5T2 单晶场效应晶体管，操作流程如图 2-14 所示。图 2-14（a）显示的是一个制备好的绝缘层；图 2-14（b）是利用探针将 Ph5T2 单晶放在绝缘层上；图 2-14（c）显示的是在静电力的作用下，超薄的 Ph5T2 晶体会完美地贴合在绝缘层表面；图 2-14（d）利用探针采用同样的方法把金膜转移到单晶的两侧作为源漏电极。

这样一个完整的流程下来，就制备出了一个 Ph5T2 单晶场效应晶体管，如图 2-15 所示。图 2-15（a）就是 Ph5T2 有机单晶场效应晶体管的结构示意图；图 2-15（b）是一个典型的 Ph5T2 单晶场效应晶体管的 SEM 图；图 2-15（c）是一个典型的 Ph5T2 单晶场效应晶体管的光学显微镜照片图。本书制备的所有器件，包括 Ph5T2 单晶场效应晶体管和后面工作中的并五苯和酞菁锌等单晶场效应晶体管都是利用这种金膜印章法制备的。

本书的实验中使用 Keithley 公司的 4200-SCS 型半导体测试系统作为电学测试

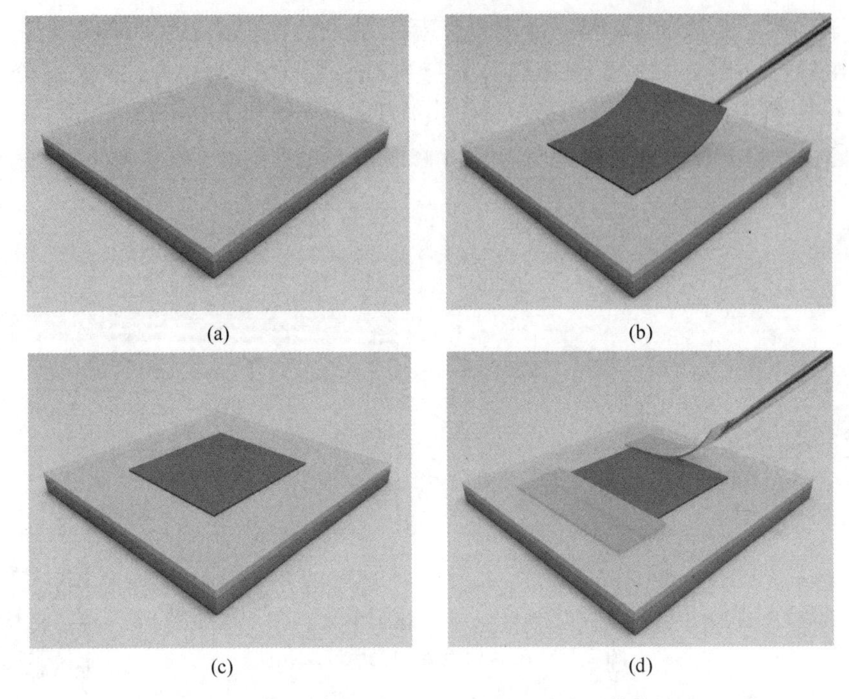

图 2-14　金膜印章法制备 Ph5T2 单晶场效应晶体管的流程

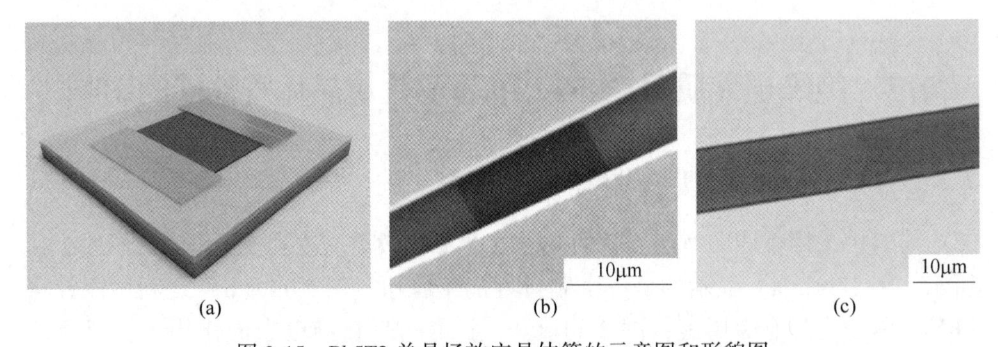

图 2-15　Ph5T2 单晶场效应晶体管的示意图和形貌图

平台，分别在八个绝缘层上测试了十个以上的 Ph5T2 单晶场效应晶体管器件。器件典型的转移和输出曲线如图 2-16 所示，图 2-16（a）为 Ph5T2 器件在源漏电压 $V_{SD}=-30$V 下的转移曲线，图 2-16（b）是 Ph5T2 器件在不同栅压下的输出曲线，从图中可以看出器件呈现典型的场效应特征，有明显的线性区和饱和区。图 2-16（b）中的插图显示出在较小的源漏电压下，器件呈现出完美的欧姆接触，这一现象表明金膜印章法制备的超薄 Ph5T2 单晶场效应晶体管具有较小的接触电阻和较低的肖特基势垒。

为了排除晶体厚度对器件迁移率的影响，在实验中选择超薄的土黄色 Ph5T2

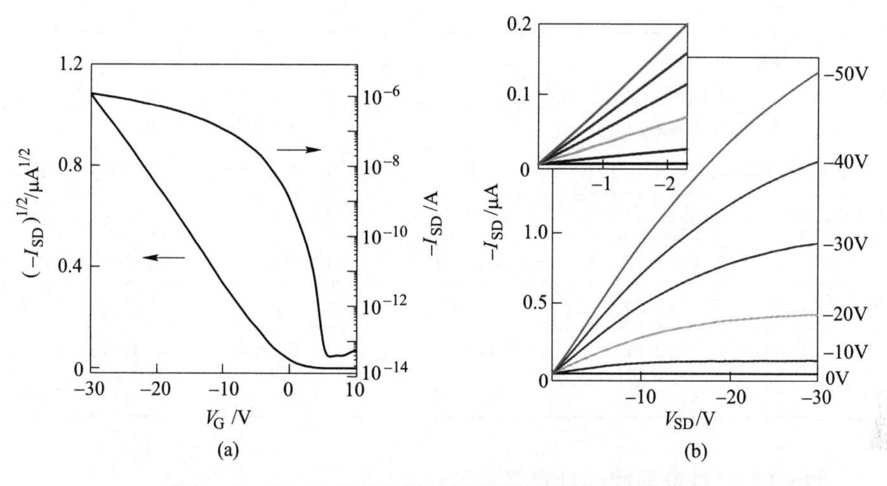

图 2-16 Ph5T2 单晶场效应晶体管的转移和输出曲线

晶体来制备 Ph5T2 单晶场效应晶体管[2]。为了便于比较器件的场效应性能，在八种绝缘层上获得的转移曲线和计算的最高迁移率如图 2-17 所示，从图中可以看出，绝缘层从左到右，Ph5T2 单晶器件的迁移率是由低到高的。由于片状晶体存在各向异性的问题，为了避免 Ph5T2 单晶的各向异性对器件性能的影响，实验时在每个绝缘层上都制备了至少 10 个器件，并将统计的数据汇总在表 2-4 中，对每个绝缘层上的器件性能求平均值和方差以寻找规律。

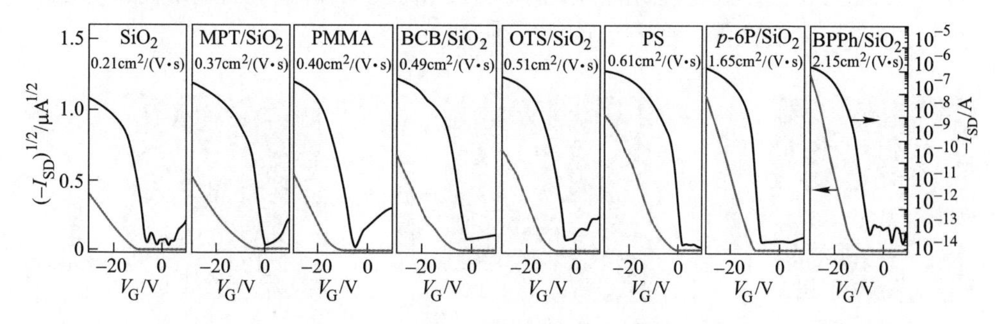

图 2-17 绝缘层分子结构式(a)和 Ph5T2 单晶场效应晶体管在八种绝缘层上的转移曲线(b)

表 2-4 Ph5T2 单晶场效应晶体管在八种绝缘层的场效应性能

绝缘层	迁移率/$cm^2\cdot(V\cdot s)^{-1}$（最大值）平均值±标准偏差	阈值电压/V 平均值±标准偏差	亚阈值斜率 /$V\cdot nF\cdot(dec\cdot cm)^{-1}$ 平均值±标准偏差	开关比
SiO_2	(0.21)0.13±0.04	−11.72±10.10	21.02±4.26	$4.34\times10^7\sim1.01\times10^5$
MPT/SiO_2	(0.37)0.26±0.08	−13.96±7.53	18.30±4.33	$9.71\times10^7\sim1.37\times10^5$

续表 2-4

绝缘层	迁移率/$cm^2 \cdot (V \cdot s)^{-1}$ (最大值) 平均值±标准偏差	阈值电压/V 平均值±标准偏差	亚阈值斜率 /$V \cdot nF \cdot (dec \cdot cm)^{-1}$ 平均值±标准偏差	开关比
PMMA	(0.40)0.31±0.08	−7.04±4.63	18.00±2.62	$5.82\times10^7 \sim 1.06\times10^6$
BCB/SiO_2	(0.49)0.36±0.12	−9.81±7.45	17.78±3.31	$6.39\times10^7 \sim 4.60\times10^6$
OTS/SiO_2	(0.51)0.39±0.09	−13.73±11.52	17.53±6.77	$5.37\times10^7 \sim 2.59\times10^6$
PS	(0.61)0.51±0.05	−8.47±4.06	17.21±8.21	$5.32\times10^7 \sim 4.05\times10^6$
p-$6P/SiO_2$	(1.65)1.47±0.21	−9.54±4.79	14.73±3.96	$4.34\times10^7 \sim 1.33\times10^6$
$BPPh/SiO_2$	(2.15)1.87±0.31	−13.68±6.96	13.02±4.69	$2.12\times10^8 \sim 7.17\times10^6$

2.3.2 Ph5T2 材料表面能的计算及选取

Ph5T2 半导体材料的表面能及其分量同样需要通过测量两种溶剂的接触角度来计算。但对于 Ph5T2 单晶来说，所获得的晶体尺寸太小（见图 2-6），不足以支撑测试接触角时探测液体（水和二碘甲烷）液滴。为了获得 Ph5T2 材料的表面能及其分量，对 Ph5T2 薄膜的生长条件进行了优化，并通过 AFM 图像和 XRD 衍射图进行了表征。分别优化了 Ph5T2 薄膜的沉积温度和沉积厚度，并获得了不同形貌的 Ph5T2 薄膜，不同条件下的 AFM 图像如图 2-18 所示。并选择了具有晶粒尺寸尽可能大，覆盖度较高的均一的 Ph5T2 薄膜上的薄膜表面能来代替 Ph5T2 材料（单晶）的表面能，如图 2-18（f）所示。

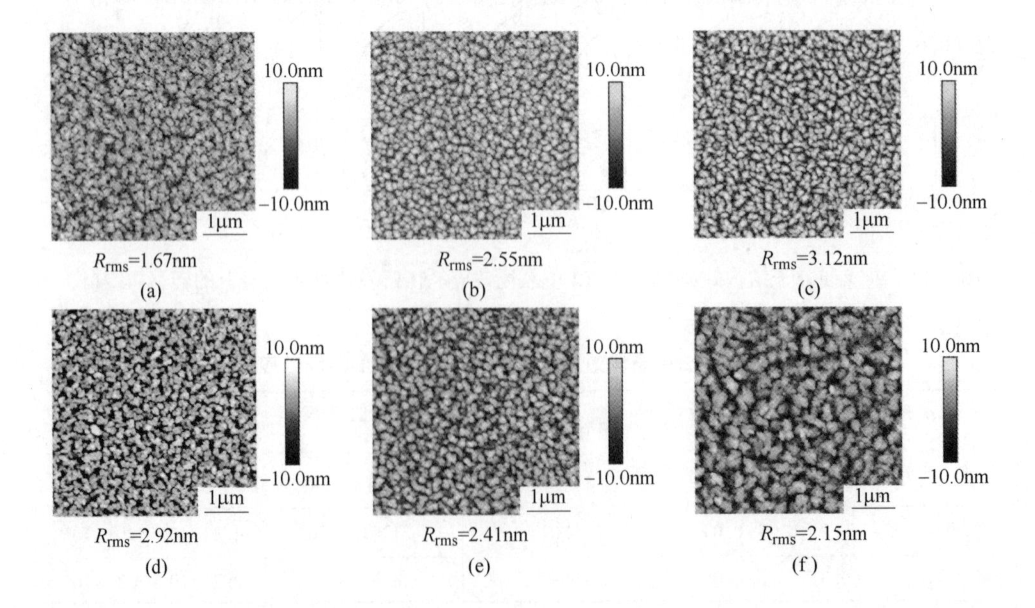

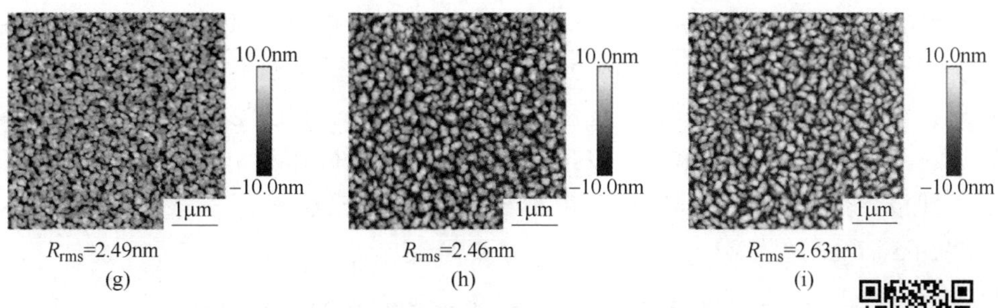

扫描二维码
查看彩图

图 2-18 不同温度和不同厚度沉积 Ph5T2 薄膜的 AFM 形貌图
(a) 90℃ 10nm；(b) 90℃ 20nm；(c) 90℃ 40nm；
(d) 100℃ 10nm；(e) 100℃ 20nm；(f) 100℃ 40nm；
(g) 110℃ 10nm；(h) 110℃ 20nm；(i) 110℃ 40nm

与绝缘层的表面能计算方法一致，在优化后的 Ph5T2 薄膜上分别测量了去离子水和二碘甲烷的接触角，如图 2-19 所示。为了减小实验误差，同样在每个条件下的 Ph5T2 薄膜上测试了至少五个独立的接触角数值，而且数值之间的差异不超过 2°，并分别计算出了每一个沉积条件下 Ph5T2 薄膜表面能的极性和色散分量。

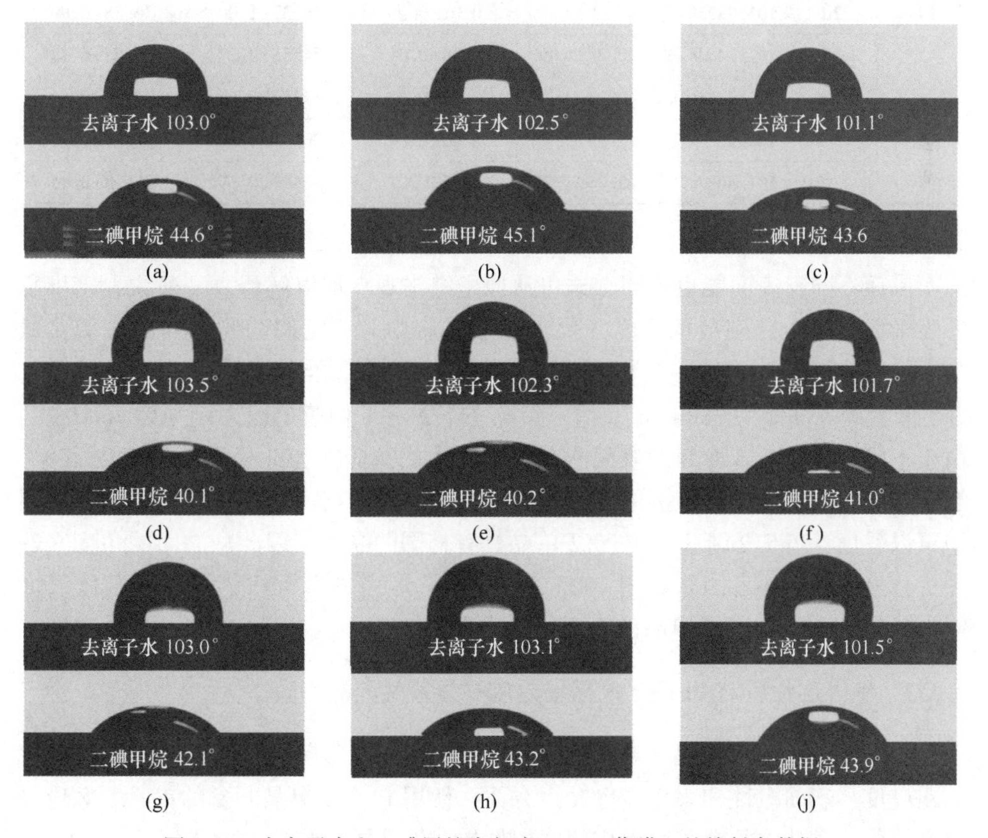

图 2-19 去离子水和二碘甲烷在相应 Ph5T2 薄膜上的接触角数据

根据式（2-1）计算出了每个条件下 Ph5T2 薄膜表面能的极性和色散分量，详细数据见表 2-5。根据图 2-18 中 Ph5T2 薄膜的 AFM 图中的形貌可以看出，当沉积温度为 100℃，沉积厚度为 40nm 时，Ph5T2 的薄膜晶粒尺寸最大，晶粒越紧密。因此选取该条件下获得的表面能作为 Ph5T2 材料的表面能，即极性分量为 0. 00mJ/m^2，色散分量为 37. 65mJ/m^2，总表面能的大小为 37. 65mJ/m^2。

表 2-5 不同条件下 Ph5T2 薄膜表面去离子水和二碘甲烷的接触角及相应表面能的极性和色散分量

沉积温度 /℃	沉积厚度 /nm	接触角/(°) 平均值±标准偏差		γ^p/mJ · m^{-2} 平均值±标准偏差	γ^d/mJ · m^{-2} 平均值±标准偏差	γ^{tot}/mJ · m^{-2} 平均值±标准偏差
		去离子水	二碘甲烷			
90	10	103. 24±0. 37	43. 56±1. 78	0. 01±0. 01	34. 53±0. 49	34. 53±0. 48
	20	103. 00±0. 69	45. 88±0. 78	0. 00±0. 01	35. 86±0. 72	35. 86±0. 72
	40	101. 40±0. 47	44. 32±0. 71	0. 01±0. 01	39. 37±0. 38	39. 37±0. 37
100	10	103. 06±0. 54	38. 54±1. 61	0. 04±0. 02	32. 77±1. 71	32. 77±1. 69
	20	101. 98±0. 45	39. 20±1. 08	0. 01±0. 00	36. 37±1. 00	36. 38±0. 99
	40	**101. 74±0. 09**	**40. 28±0. 86**	**0. 00±0. 01**	**37. 65±0. 27**	**37. 65±0. 27**
110	10	102. 72±0. 32	40. 44±1. 72	0. 02±0. 01	34. 62±0. 63	34. 64±0. 62
	20	102. 38±0. 72	42. 10±1. 40	0. 00±0. 01	36. 25±1. 58	36. 25±1. 57
	40	101. 36±0. 21	42. 26±1. 73	0. 00±0. 01	38. 24±0. 67	38. 24±0. 66

注：γ^p—极性分量；γ^d—色散分量；γ^{tot}—总表面能，$\gamma^{tot}=\gamma^p+\gamma^d$。

晶面不同，表面能也不同，这可从原子结构观点加以解释。一般说，密堆积的表平面其表面能应最低，因为要求在形成表面时，它们的紧排列状态变化最少[21]。文献中曾报道，并五苯薄膜的表面能与薄膜的晶向有关[22]，其中正交相的并五苯薄膜表面能为 38mJ/m^2，而三斜晶系下并五苯薄膜的表面能则为 76mJ/m^2。由于不同晶面并五苯薄膜的表面能存在着很大的差异，为此分别测试了在 100℃沉积了 40nm 厚 Ph5T2 薄膜和 Ph5T2 有机单晶的 XRD 图，如图 2-20 所示。从图中可以看出，Ph5T2 薄膜和 Ph5T2 单晶具有相同的晶相，因此从晶面的角度来选择优化表面能，作者团队选用 100℃沉积 40nm 厚条件下沉积的 Ph5T2 薄膜表面能来代替 Ph5T2 材料或单晶的表面能是合理的。

2. 3. 3 绝缘层性质对 Ph5T2 单晶场效应晶体管性能的影响

绝缘层性质对于薄膜场效应晶体管的器件性能的影响，主要分为绝缘层的表面粗糙度、表面极性和表面能等几个方面，使用 Ph5T2 单晶制备的单晶场效应晶体管器件，也从这几个角度分析绝缘层性质对性能的影响。

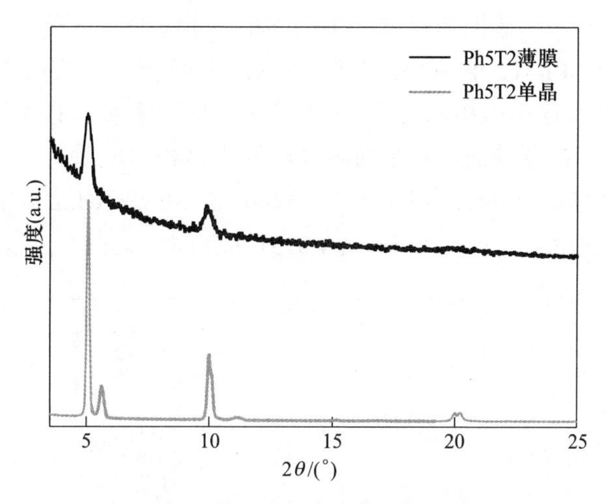

图 2-20　Ph5T2 单晶和薄膜的 XRD 图

2.3.3.1　绝缘层表面粗糙度对于 Ph5T2 单晶场效应晶体管性能的影响

绝缘层的表面粗糙度在文献中的报道已经被证明是影响有机薄膜场效应晶体管器件性能的重要参数之一[23-26]。通常情况下绝缘层的表面粗糙度会直接影响半导体薄膜的生长，进而影响薄膜晶体管的器件性能。之前报道的关于薄膜器件的分析发现，在具有较低的表面粗糙度均方根（root mean square surface roughness，R_{rms}）的绝缘层表面，通常会获得较高的迁移率[23,24,26]。出现这样实验结果的原因是较低的 R_{rms} 可以增强有机薄膜生长时的分子排序，减少电荷陷阱，从而增加薄膜的晶粒尺寸，降低晶界密度，进而可以获得较高的器件性能[23,24,26]。然而 2005 年鲍哲南课题组却发现了与之前结论相反的实验结果[25]。实验结果显示，并五苯薄膜场效应晶体管的器件性能在较高粗糙度的 HMDS/SiO_2(R_{rms} = 0.5nm) 绝缘层上获得了更高的器件性能（(3.4±0.5)cm^2/(V · s)），而在具有较低粗糙度的 OTS/SiO_2(R_{rms} = 0.1nm) 绝缘层上获得了较低的器件性能（(0.5±0.15)cm^2/(V · s)）[25]。通过 GXRD 的数据分析，原因主要是并五苯薄膜在 HMDS/SiO_2 绝缘层上的结晶性更好，更有利于载流子的传输。其他报告还发现绝缘层的表面粗糙度对薄膜器件迁移率没有直接影响的结论[25,27-29]。这些关于绝缘层表面能对薄膜器件性能的影响之间的相互矛盾，使科研工作者很难理解绝缘层表面粗糙度与器件场效应迁移率之间的直接关系。主要原因还是薄膜器件中表面粗糙度直接影响了薄膜的生长，不利于对本征性质的分析和讨论。

采用 Ph5T2 有机单晶场效应晶体管来分析和讨论绝缘层的表面粗糙度对于器件迁移率的影响，这样成功避免了绝缘层表面粗糙度对于晶体形貌的影响，便于直接分析和讨论粗糙度对载流子传输的影响。对八种绝缘层分别进行了 AFM 的测量，并获得了相应的表面粗糙度（见图 2-9）。根据图 2-9 提供的绝缘层的表面粗糙度和表 2-4 中 Ph5T2 单晶场效应晶体管在八种绝缘层上的器件性能，作出了图 2-21 所示的绝缘层表面粗糙度和 Ph5T2 单晶器件迁移率的关系图。从图中可以看出，Ph5T2 单晶器件的迁移率与绝缘层的表面粗糙度没有明显的相关性。例如，PMMA 和 PS 的 R_{rms} 值是相同的（0. 32nm），但它们的迁移率却存在着显著差异（$\mu_{PMMA}=0.31cm^2/(V \cdot s)$ 和 $\mu_{PS}=0.51cm^2/(V \cdot s)$）。

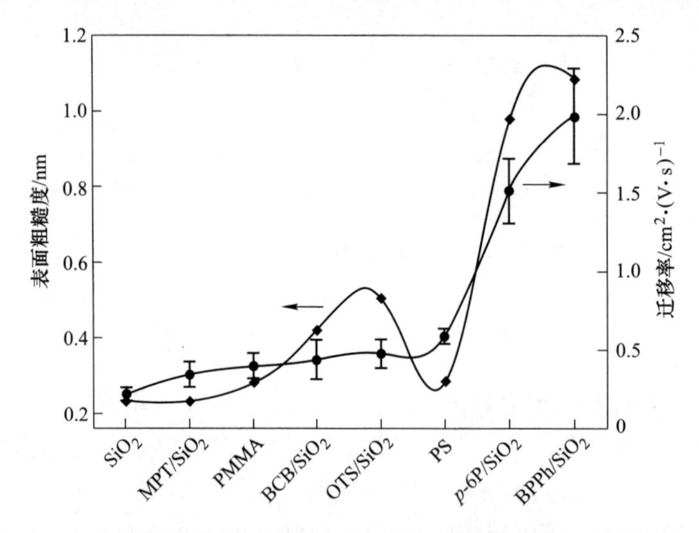

图 2-21 Ph5T2 单晶场效应晶体管的迁移率与绝缘层表面粗糙度的关系

文献报道中更多的实验结论是在低表面粗糙度上获得较高的器件迁移率。本实验中是在较高表面粗糙度的 p-6P/SiO_2（R_{rms} = 0. 99nm）和 BPPh/SiO_2（R_{rms} = 1. 09nm）绝缘层上，分别获得了 $1.47cm^2/(V \cdot s)$ 和 $1.87cm^2/(V \cdot s)$ 的较高平均迁移率。因此本实验中利用 Ph5T2 单晶场效应晶体管分析绝缘层表面粗糙度对于器件性能的影响发现，绝缘层的表面粗糙度并不是影响器件性能的直接因素，可能在绝缘层和半导体层的界面之间存在着其他参数影响着器件的迁移率，这有待进一步分析和讨论。

2. 3. 3. 2 绝缘层表面极性对于 Ph5T2 单晶场效应晶体管性能的影响

绝缘层的表面极性可以显著影响薄膜和单晶的场效应性能[26,30-33]。科研工作者发现非极性绝缘层更有利于高质量薄膜的生长，进而获得较高的器件迁移率[26,30,31]。例如，Wünsche 等人发现非极性的 PS/SiO_2 绝缘层表面比极性的 PMMA/SiO_2、HMDS/SiO_2 和 PARYC/SiO_2 绝缘层表面更有利于形成连接紧密且平整的并四苯薄膜，使并四苯薄膜晶体管可以获得更高的迁移率[30]。而且，Gomez 等人也通过实验证明了绝缘层附近的极性基团组会导致界面处存在更多的障碍，形成电荷陷阱，阻碍载流子的传输，进而降低器件性能[33]。尽管许多文献报告中得出了非极性绝缘层比极性绝缘层的迁移率要高的结论，但关于所有非极性绝缘层和非极性绝缘层，以及极性绝缘层和极性绝缘层之间的迁移率差异仍没有文献报道。而且使用薄膜分析这一规律仍然存在不可避免的形貌影响，使得该方向的分析和讨论仍然具有一定的挑战性。

文献中曾有报道，绝缘层表面能极性分量的大小可以表明绝缘层表面极性的强度[20,34]，由此从表2-3中绝缘层表面能的极性分量可以获得不同绝缘层的表面极性强度。实验结果显示Ph5T2单晶场效应晶体管在非极性的绝缘层（OTS/SiO_2、PS、*p*-6P/SiO_2和BPPh/SiO_2）比极性绝缘层（SiO_2、MPT/SiO_2和PMMA）和弱极性绝缘层（BCB/SiO_2）具有更高的迁移率，这与之前关于绝缘层极性越弱，器件迁移率越高的结论是一致的[26,30-33]。然而，在表2-4中却可以很清楚地看到同样是两个极性绝缘层或者同样是两个非极性绝缘层，器件性能之间却存在着很大的差异。例如，仅仅从绝缘层表面极性的影响考虑，很难理解在都是非极性的OTS/SiO_2和*p*-6P/SiO_2绝缘层表面上迁移率的差异问题（$0.39cm^2/(V \cdot s)$和$1.47cm^2/(V \cdot s)$）。因此，从本实验的结果分析绝缘层的表面极性也不是影响器件迁移率的直接因素，绝缘层的性质对于迁移率的影响因素还需要进一步分析。

2.3.3.3 绝缘层总表面能对于Ph5T2单晶场效应晶体管性能的影响

绝缘层的总表面能也被科研工作者们认为是影响薄膜载流子迁移率的重要参数之一[27-29,35-45]。据文献报道，在总表面能较低的绝缘层往往要比总表面能较高的绝缘层更容易获得较高的迁移率[27-29,35-40]。科研工作者将这种迁移率的增加归功于在总表面能较低的绝缘层上生长的小分子半导体薄膜具有较小的颗粒尺寸。例如，Yang等人已经分析和讨论了在表面能可控的聚酰亚胺-硅氧烷绝缘层上制备并五苯薄膜场效应晶体管。他们发现，在总表面能较低的绝缘层上，并五苯薄膜具有较小的晶粒和更多的晶界，然而却获得了更高的器件性能。作者将产生高迁移率的结果归因于晶粒较小的并五苯薄膜之间存在着更紧密的连接，有利于载流子的传输，获得更好的性能[27]。然而，Bae和他的同事们同样分析和讨论并五苯薄膜却发现了相反的结果，在总表面能较高的绝缘层上获得了更高的迁移率[41]。在文献中，他们在总表面能较高的绝缘层上获得了更大的并五苯颗粒。他们认为，较大的晶粒尺寸和较低的晶界密度导致并五苯薄膜晶体管器件性能的提高。此外，还有一些课题组得出了与之前二者都不同的结论，即在与半导体总表面能相匹配的绝缘层上制备晶体管，更有利于提高器件迁移率[42-45]。例如，Chou和他的同事们通过实验结果发现，在光敏聚酰亚胺（photosensitive polyimide，PSPI）修饰二氧化硅和纯净二氧化硅的绝缘层上生长的并五苯薄膜具有相似的薄膜形貌。然而在这两个绝缘层上制备的薄膜晶体管器件却显示出完全不同的迁移率（2.05cm²/(V·s) 和 0.11cm²/(V·s)）。科研工作者将迁移率的提高归因于 PSPI 修饰二氧化硅绝缘层后降低了二氧化硅绝缘层的表面能（从 50.9mJ/m²降低到 38.2mJ/m²），低表面能的绝缘层更有利于并五苯薄膜的生长，而且刚好和并五苯的正交相的表面能（38mJ/m²）相接近。以上这些关于绝缘层总表面能对于薄膜器件迁移率影响的不一致报告，表明绝缘层的总表面能与薄膜器件迁移率之间的关系还不清楚，主要原因仍然是这些讨论都是基于有机半导体薄膜来分析的本征问题，因此绝缘层界面性质对于薄膜生长的影响不可避免，薄膜的形貌会进一步影响器件的性能。

根据表 2-2 中八种绝缘层的总表面能和表 2-4 中 Ph5T2 单晶场效应晶体管在相应绝缘层上的迁移率，作出了图 2-22 所示的绝缘层总表面能和 Ph5T2 单晶器件迁移率的关系图。从图中可以看出，Ph5T2 单晶器件的迁移率与绝缘层的总表面能同样没有明显的相关性。因此使用 Ph5T2 单晶场效应晶体管得到的结论是绝缘层的总表面能也不是影响器件性能的直接因素，对于绝缘层界面性质对器件性能的影响仍需要进一步探究。

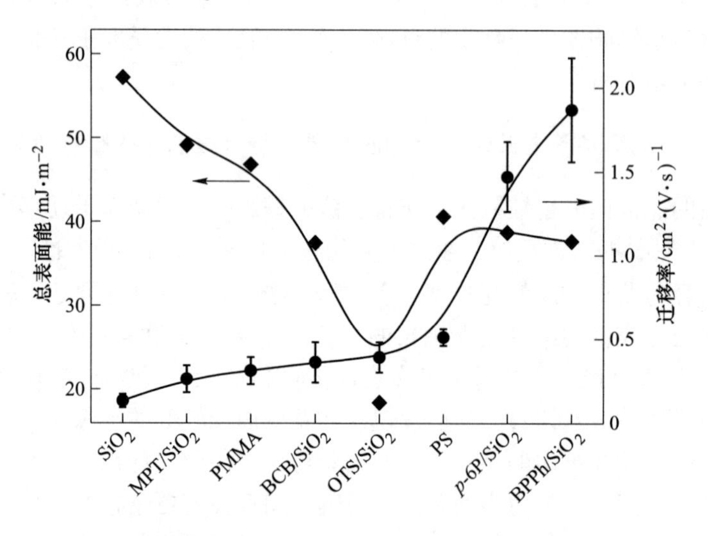

图 2-22 Ph5T2 单晶场效应晶体管的迁移率与绝缘层总表面能的关系

2.3.3.4 绝缘层表面能的分量对于 Ph5T2 单晶场效应晶体管性能的影响

通过比较 Ph5T2 半导体材料和八种绝缘层的表面能及其分量，以及 Ph5T2 单晶场效应晶体管在相应绝缘层上的器件迁移率，我们发现了一个令人兴奋的规律，即绝缘层表面能的极性分量和色散分量共同影响着 Ph5T2 单晶器件的迁移率。当绝缘层表面能的极性分量（γ^p）和色散分量（γ^d）与半导体的越匹配时，

Ph5T2 单晶场效应晶体管的迁移率越高。根据表 2-2 显示的绝缘层表面能分量和表 2-3 提供的 Ph5T2 材料的表面能及其分量，以及表 2-4 中 Ph5T2 单晶在不同绝缘层上的迁移率，绘制出了 Ph5T2 单晶场效应晶体管的迁移率与绝缘层表面能分量之间的关系图，如图 2-23 所示。从图中可以很明显看出，对于二氧化硅、MPT/SiO_2、PMMA 和弱极性 BCB/SiO_2 等极性绝缘层来说，它们的表面能色散分量更接近 Ph5T2 材料的相应值，在这种情况下，在具有更匹配的表面能极性分量的绝缘层（BCB/SiO_2）上，显示出了更高的迁移率；对于非极性的绝缘层，例如 OTS/SiO_2、PS、*p*-6P/SiO_2 和 BPPh/SiO_2，它们的表面能极性分量更接近于 Ph5T2 材料的相应值，在这种情况下，在具有更匹配的表面能色散分量的绝缘层（BPPh/SiO_2）上显示出了更高的迁移率。然而当绝缘层表面能的分量只有其中一个与 Ph5T2 的相应值接近时，器件的迁移率没有很明显的提高。例如 MPT/SiO_2 的色散分量（γ^d）和 PS 绝缘层的极性分量（γ^p）与 Ph5T2 的相应值相接近，然而这两种绝缘层表面能的另一个分量与 Ph5T2 半导体材料不同时，发现器件的迁移率没有明显的提高（0.26cm^2/(V·s) 和 0.51cm^2/(V·s)）。当在与半导体表面能分量完全匹配的 BPPh/SiO_2 绝缘层上，Ph5T2 单晶场效应晶体管获得了最高迁移率，高达 2.15cm^2/(V·s)。

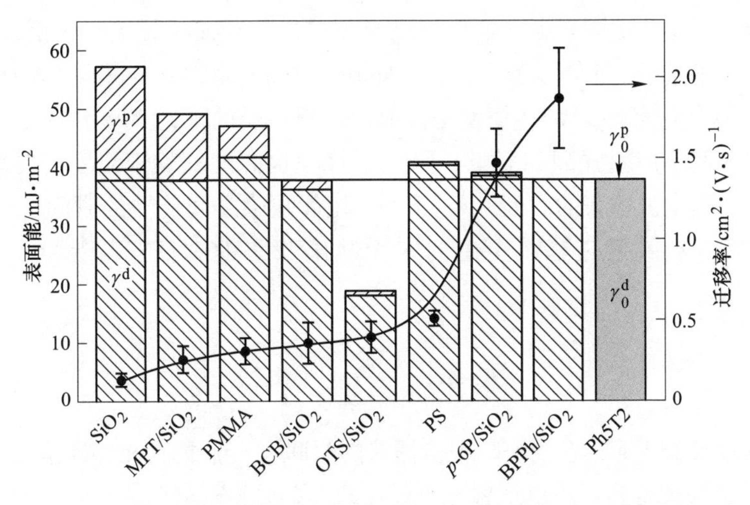

图 2-23 Ph5T2 单晶场效应晶体管的迁移率与绝缘层表面能分量的关系

通过以上的讨论发现一个规律，即半导体和绝缘层表面能的极性和色散分量越匹配，对于提高 Ph5T2 单晶场效应晶体管器件迁移率越有利。实验结果表明，绝缘层和半导体表面能的极性和色散分量共同影响着 Ph5T2 单晶场效应晶体管的器件迁移率；当绝缘层表面能的极性和色散分量与半导体的均匹配时，Ph5T2 单晶场效应晶体管性能可以获得最高的器件性能。

2.3.4　半导体和绝缘层表面能及其分量匹配提高迁移率的机理分析

通过比较实验数据发现，半导体和绝缘层表面能分量越匹配，越有利于提高单晶器件的迁移率。为了更深入地理解绝缘层表面能对有机单晶器件中载流子传输的影响，首先需要了解两种相邻物质之间界面张力的定义，如式（2-2）所示[46-48]：

$$\gamma_{12} = \left(\sqrt{\gamma_1^{\mathrm{p}}} - \sqrt{\gamma_2^{\mathrm{p}}}\right)^2 + \left(\sqrt{\gamma_1^{\mathrm{d}}} - \sqrt{\gamma_2^{\mathrm{d}}}\right)^2 \tag{2-2}$$

式中，γ_{12}为界面张力；γ_1^{p} 和 γ_2^{p} 分别为两种物质表面能的极性分量；γ_1^{d} 和 γ_2^{d} 分别为两种物质表面能的色散分量。而且根据式（2-2），两种物质相互接触后的界面张力大小取决于两种物质表面能的极性和色散分量开根号后差值的平方和。从式（2-2）中可以很明显看出当两种物质表面能极性和色散分量的差异越小，它们发生接触时产生的界面张力越小。如果将这两种互相接触的物质看成是半导体层和绝缘层，那么半导体和绝缘层之间产生的界面张力则会引入额外的界面缺陷。根据式（2-2），当半导体层和绝缘层表面能的分量越匹配时，界面张力越小，产生的界面缺陷越少，器件迁移率越高。

目前，提出了不同理论来解释有机半导体中的载流子传输，包括能带传输、跃迁传输和多重陷阱俘获和释放（multiple trapping and release，MTR）模型等[49]。在这些解释中，MTR 模型是目前被广泛接受的理论[50]。由于温度会对捕获和释放的速率产生强烈的影响，因此迁移率也高度依赖于温度。在高温条件下，在浅缺陷中被捕获的时间（τ_{tr}）比在相邻缺陷之间传输的时间（τ_{di}）要小得多。因此，有效的迁移率更趋向于无缺陷状态的本征迁移率（μ_0），如式（2-3）所示：

$$\mu = \mu_0 \frac{\tau_{\mathrm{di}}}{\tau_{\mathrm{di}} + \tau_{\mathrm{tr}}} \approx \mu_0 \tag{2-3}$$

然而，在低温条件下，在浅缺陷中被捕获的时间（τ_{tr}）比在相邻缺陷之间传输的时间（τ_{di}）要大得多，所以迁移率可以用式（2-4）来描述：

$$\mu = \mu_0 \frac{\tau_{\mathrm{di}}}{\tau_{\mathrm{di}} + \tau_{\mathrm{tr}}} \propto \exp\left(-\frac{E_{\mathrm{tr}}}{kT}\right) \tag{2-4}$$

Ph5T2 单晶场效应晶体管在三种不同表面能绝缘层上的迁移率随温度变化的关系，如图 2-24 所示。实验中采用的是液氮控制的腔室温度，测试范围从 100K 到 300K。从图中可以看出，从左到右，随着温度的降低，Ph5T2 单晶场效应晶体管的迁移率在三种绝缘层上都呈现下降的趋势。这一规律表明 Ph5T2 单晶场效应晶体管中的载流子传输是由 MTR 模式所主导。根据 MTR 模型，晶体缺陷（如杂质、结构障碍或表面态等）可以诱导形成局部缺陷，其中缺陷主要包括深缺陷和浅缺陷两种。Podzorov 等人曾经提出，深缺陷只影响阈值电压，而不是影响迁移率[51]。

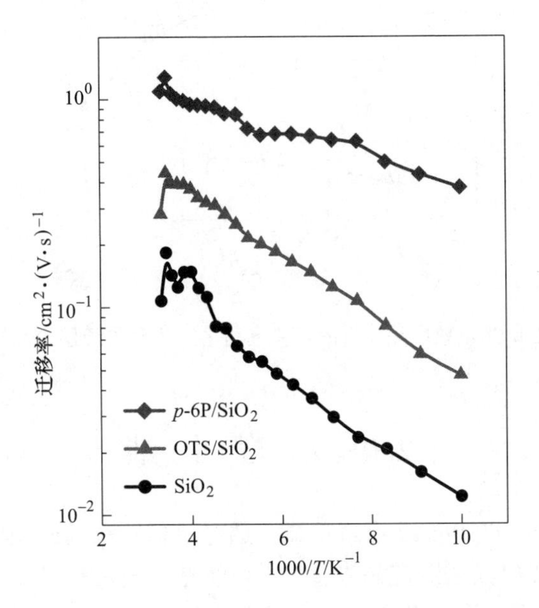

图 2-24 Ph5T2 单晶场效应晶体管的迁移率随温度的变化关系

在这里主要关注的是缺陷对于载流子迁移率的影响。根据有机半导体载流子传输中广泛接受的理论：有效的场效应迁移与半导体和绝缘层界面上的缺陷密切相关[52-54]。根据八种绝缘层上所有实测的转移曲线，分别计算出了每个 Ph5T2 单晶场效应晶体管的亚阈值斜率。在有机场效应晶体管中浅缺陷密度和亚阈值斜率的关系，如式（2-5）所示[55-57]：

$$SS = \frac{kT}{q}\ln 10\left(1 + \frac{qN}{C}\right) \tag{2-5}$$

式中，k 为玻耳兹曼常数；T 为温度；q 为电子的电荷量；C 为绝缘层的电容。

作者团队分别计算了所有 Ph5T2 单晶场效应晶体管在不同绝缘层上的浅缺陷密度，并将所有器件的浅缺陷密度取平均值，绘制出 Ph5T2 单晶场效应晶体管的迁移率与半导体和绝缘层界面缺陷密度的关系图，如图 2-25 所示。从图 2-25 中可以很明显看出绝缘层和 Ph5T2 半导体的表面能分量越匹配时，半导体层和绝缘层之间的界面张力越小，在导电沟道附近产生的浅缺陷密度越少，Ph5T2 单晶场效应晶体管的器件迁移率越高。

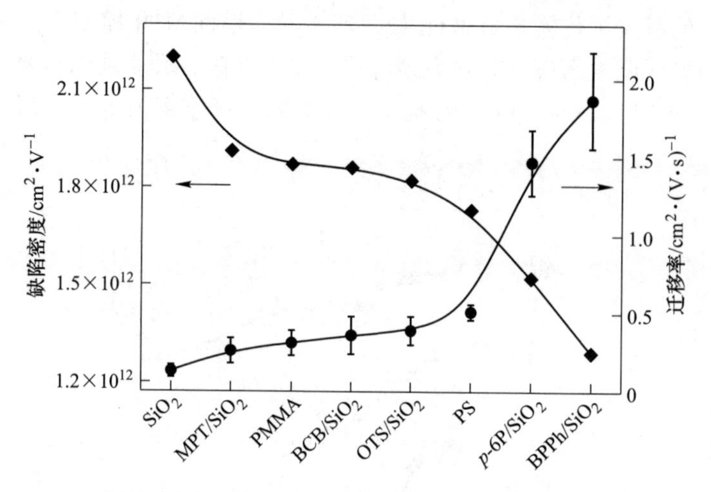

图2-25 Ph5T2单晶场效应晶体管的迁移率与半导体和绝缘层界面缺陷密度的关系

2.4 本章小结

本章基于高质量的Ph5T2有机单晶，通过机械转移的金膜印章法在八种绝缘层上制备了Ph5T2单晶场效应晶体管，并系统地分析和讨论了绝缘层的表面粗糙度、表面极性、总表面能，以及表面能的分量对于Ph5T2有机单晶器件性能的影响。主要结论如下。

（1）利用物理气相输运法生长了高质量的Ph5T2单晶，从SEM和光学显微镜照片数据中可以看出Ph5T2单晶纳米片具有规则的形状和均一的颜色，从XRD数据分析得出Ph5T2单晶具有良好的晶体结构。

（2）利用机械转移的金膜印章法在八种绝缘层上制备了Ph5T2单晶场效应晶体管，并通过电学测试系统充分地测试了大量Ph5T2单晶晶体管的场效应性能。实验结果显示，Ph5T2单晶场效应晶体管在BPPh修饰的SiO_2绝缘层上获得了最高的器件性能，其迁移率高达2.15$cm^2/(V \cdot s)$，比二氧化硅绝缘层上的Ph5T2单晶场效应晶体管迁移率高出一个数量级。

（3）利用原子力显微镜和接触角测量仪等表征了绝缘层的界面性质，包括表面粗糙度、表面极性和点表面能及其分量，并通过优化薄膜形貌的方式计算和选取了八种绝缘层以及Ph5T2半导体材料的表面能。

（4）分析绝缘层的表面粗糙度、表面极性、总表面能，以及表面能的分量对于Ph5T2单晶器件性能的影响，实验结果表明绝缘层的表面极性、表面粗糙度和总表面能都不是决定Ph5T2单晶器件迁移率的关键因素；半导体和绝缘层表面能的极性和色散分量共同影响着Ph5T2单晶器件的迁移率。通过实验结果和理论分析，当绝缘层与半导体表面能分量匹配时，可以减小半导体和绝缘层之间的界面张力，进而减小导电沟道附近的浅缺陷密度，有利于获得高迁移率的 Ph5T2 单晶器件。

参考文献

[1] Chen Y, Chang H, Tian H, et al. An easily made thienoacene comprising seven fused rings for ambient-stable organic thin film transistors [J]. Org. Electron., 2012, 13 (12): 3268-3275.

[2] Zhao X L, Pei T, Cai B, et al. High ON/OFF ratio single crystal transistors based on ultrathin thienoacene microplates [J]. J. Mater. Chem. C, 2014, 2 (27): 5382-5388.

[3] Zhang Y, Dong H, Tang Q, et al. Mobility dependence on the conducting channel dimension of organic field-effect transistors based on single-crystalline nanoribbons [J]. J. Mater. Chem., 2010, 20 (33): 7029-7033.

[4] De Boer R W I, Gershenson M E, Morpurgo A F, et al. Organic single-crystal field-effect transistors [J]. Phys. Stat. Sol. (a), 2004, 201 (6): 1302-1331.

[5] Jiang L, Hu W, Wei Z, et al. High-performance organic single-crystal transistors and digital inverters of an anthracene derivative [J]. Adv. Mater., 2009, 21 (36): 3649-3653.

[6] Wei Z, Hong W, Geng H, et al. Organic single crystal field-effect transistors based on 6H-pyrrolo [3,2-b:4,5-b′] bis [1,4] benzothiazine and its derivatives [J]. Adv. Mater., 2010, 22 (22): 2458-2462.

[7] Park S Y, Kwon T, Lee H H. Transfer patterning of pentacene for organic thin-film transistors [J]. Adv. Mater., 2006, 18 (14): 1861-1864.

[8] Gao J, Asadi K, Xu J B, et al. Controlling of the surface energy of the gate dielectric in organic field-effect transistors by polymer blend [J]. Appl. Phys. Lett., 2009, 94 (9): 093302.

[9] Wünsche J, Tarabella G, Bertolazzi S, et al. The correlation between gate dielectric, film growth, and charge transport in organic thin film transistors: the case of vacuum-sublimed tetracene thin films [J]. J. Mater. Chem. C, 2013, 1: 967-976.

[10] Ding Z, Abbas G A, Assender H E, et al. Improving the performance of organic thin film transistors formed on a vacuum flash-evaporated acrylate insulator [J]. Appl. Phys. Lett., 2013, 103 (23): 233301.

[11] Lee H M, Kim J J, Choi J H, et al. In Situ patterning of high-quality crystalline rubrene thin films for high-resolution patterned organic field-effect transistors [J]. ACS Nano, 2011, 5 (10): 8352-8356.

[12] Chua L L, Zaumseil J, Chang J F, et al. General observation of n-type field-effect behaviour in organic semiconductors [J]. Nature, 2005, 434: 194-199.

[13] Liu S, Wu J K, Fan C C, et al. Large-scale fabrication of field-effect transistors based on solution-grown organic single crystals [J]. Sci. Bull., 2015, 60 (12): 1122-1127.

[14] Huang Z T, Xue G B, Wu J K, et al. Electron transport in solution-grown TIPS-pentacene

single crystals: effects of gate dielectrics and polar impurities [J]. Chin. Chem. Lett., 2016, 27 (12): 1781-1787.

[15] Chang K J, Yang F Y, Liu C C, et al. Self-patterning of high-performance thin film transistors [J]. Org. Electron., 2009, 10 (5): 815-821.

[16] Jiang Y D, Jen T H, Chen S A. Excellent carrier mobility of 0.24cm^2/Vs in regioregular poly (3-hexylthiophene) based field-effect transistor by employing octadecyltrimethoxysilane treated gate insulator [J]. Appl. Phys. Lett., 2012, 100 (2): 023304.

[17] Padma N, Sen S, Sawant S N, et al. A study on threshold voltage stability of low operating voltage organic thin-film transistors [J]. J. Phys. D: Appl. Phys., 2013, 46 (32): 325104.

[18] Wang H, Song D, Yang J, et al. High mobility vanadyl-phthalocyanine polycrystalline films for organic field-effect transistors [J]. Appl. Phys. Lett., 2007, 90 (25): 253510.

[19] Ma F, Wang S, Li X. Synthesis, spectral characterization of $CuPcF_{16}$ and its application in organic thin film transistors using *p*-6p as inducing layer [J]. J. Phys. Chem. Solids., 2012, 73 (4): 589-592.

[20] Huang L, Liu C, Qiao X, et al. Tunable field-effect mobility utilizing mixed crystals of organic molecules [J]. Adv. Mater., 2011, 23 (30): 3455-3459.

[21] 熊欣，宋常立，仲玉林. 表面物理 [M]. 沈阳：辽宁科学技术出版社，1985.

[22] Knipp D, Street R A, Völkel A, et al. Pentacene thin film transistors on inorganic dielectrics: morphology, structural properties, and electronic transport [J]. J. Appl. Phys., 2003, 93 (1): 347-355.

[23] Knipp D, Street R A, Völkel A R. Morphology and electronic transport of polycrystalline pentacene thin-film transistors [J]. Appl. Phys. Lett., 2003, 82 (22): 3907-3909.

[24] Steudel S, Vusser S D, Jonge S D, et al. Influence of the dielectric roughness on the performance of pentacene transistors [J]. Appl. Phys. Lett., 2004, 85 (19): 4400-4402.

[25] Yang H, Shin T J, Ling M M, et al. Conducting AFM and 2D GIXD studies on pentacene thin films [J]. J. Am. Chem. Soc., 2005, 127 (33): 11542-11543.

[26] Shin K, Yang S Y, Yang C, et al. Effects of polar functional groups and roughness topography of polymer gate dielectric layers on pentacene field-effect transistors [J]. Org. Electron., 2007, 8 (4): 336-342.

[27] Yang S Y, Shin K, Park C E. The effect of gate-dielectric surface energy on pentacene morphology and organic field-effect transistor characteristics [J]. Adv. Funct. Mater., 2005, 15 (11): 1806-1814.

[28] Yang H, Kim S H, Yang L, et al. Pentacene nanostructures on surface-hydrophobicity-controlled polymer/SiO_2 bilayer gate-dielectrics [J]. Adv. Mater., 2007, 19 (19): 2868-2872.

[29] He W, Xu W, Peng Q, et al. Surface modification on solution processable ZrO_2 high-k dielectrics for low voltage operations of organic thin film transistors [J]. J. Phys. Chem. C,

2016, 120 (18): 9949-9957.

[30] 李雪飞，王伟，王帅，等. PMMA 栅绝缘层表面形貌对并五苯 OTFT 性能的影响 [J]. 微纳电子技术，2015，52 (9): 554-558，580.

[31] Lu Y, Lee W H, Lee H S, et al. Low-voltage organic transistors with titanium oxide/polystyrene bilayer dielectrics [J]. Appl. Phys. Lett., 2009, 94 (11): 113303.

[32] Islam M M, Pola S, Tao Y T. Effect of interfacial structure on the transistor properties: probing the role of surface modification of gate dielectrics with self-assembled monolayer using organic single-crystal field-effect transistors [J]. ACS Appl. Mater. Interfaces, 2011, 3 (6): 2136-2141.

[33] Adhikari J M, Gadinski M R, Li Q, et al. Controlling chain conformations of high-k fluoropolymer dielectrics to enhance charge mobilities in rubrene single-crystal field-effect transistors [J]. Adv. Mater., 2016, 28 (45): 10095-10102.

[34] Kim J S, Friend R H, Cacialli F. Surface wetting properties of treated indium tin oxide anodes for polymer light-emitting diodes [J]. Synth. Met., 2000, 111 (99): 369-372.

[35] Lim S C, Kim S H, Lee J H, et al. surface-treatment effects on organic thin-film transistors [J]. Synth. Met., 2005, 148 (1): 75-79.

[36] Miskiewicz P, Kotarba S, Jung J, et al. Influence of surface energy on the performance of organic field effect transistors based on highly oriented, zone-cast layers of a tetrathiafulvalene derivative [J]. J. Appl. Phys., 2008, 104 (5): 054509.

[37] Umeda T, Kumaki D, Tokito S. Surface-energy-dependent field-effect mobilities up to 1 cm^2/Vs for polymer thin-film transistor [J]. J. Appl. Phys., 2009, 105 (2): 024516.

[38] Nayak P K, Kim J, Cho J, et al. Effect of cadmium arachidate layers on the growth of pentacene and the performance of pentacene-based thin film transistors [J]. Langmuir, 2009, 25 (11): 6565-6569.

[39] Yoo S, Yi M H, Kim Y H, et al. One-pot surface modification of poly (ethylene-alt-maleic anhydride) gate insulators for low-voltage DNTT thin-film transistors [J]. Org. Electron., 2016, 33: 263-268.

[40] Prisawong P, Zalar P, Reuveny A, et al. Vacuum ultraviolet treatment of self-assembled monolayers: a tool for understanding growth and tuning charge transport in organic field-effect transistors [J]. Adv. Mater., 2016, 28 (10): 2049-2054.

[41] Kwak S Y, Choi C G, Bae B S. Effect of surface energy on pentacene growth and characteristics of organic thin-film transistors [J]. Electrochem. Solid-State Lett., 2009, 12 (8): G37-G39.

[42] Chou W Y, Kuo C W, Cheng H L, et al. Effect of surface free energy in gate dielectric in pentacene thin-film transistors [J]. Appl. Phys. Lett., 2006, 89 (11): 112126.

[43] Chou W Y, Kuo C W, Chang C W, et al. Tuning surface properties in photosensitive polyimide. Material design for high performance organic thin-film transistors [J]. J. Mater. Chem., 2010, 20 (26): 5474-5480.

[44] Wei C Y, Kuo S H, Hung Y M, et al. High-mobility pentacene-based thin-film transistors with a solution-processed barium titanate insulator [J]. IEEE Electron Device Lett., 2011, 32 (1): 90-92.

[45] Liu C, Zhu Q, Jin W, et al. The ultraviolet-ozone effects on organic thin-film transistors with double polymeric dielectric layers [J]. Synth. Met., 2011, 161 (15/16): 1635-1639.

[46] Owens D K, Wendt R C. Estimation of the surface free energy of polymers [J]. J. Appl. Polym. Sci., 1969, 13 (8): 1741-1747.

[47] Girifalco L A, Good R J. A theory for the estimation of surface and interfacial energies. I. Derivation and application to interfacial tension [J]. J. Phys. Chem., 1956, 61 (7): 904-909.

[48] Fowkes F M. Attractive forces at interfaces [J]. Ind. Eng. Chem., 1964, 56 (12): 40-52.

[49] Wang C, Dong H, Jiang L, et al. Organic semiconductor crystals [J]. Chem. Soc. Rev., 2018, 47: 422-500.

[50] Letizia J A, Rivnay J, Facchetti A, et al. Variable temperature mobility analysis of n-channel, p-Channel, and ambipolar organic field-effect transistors [J]. Adv. Funct. Mater., 2010, 20 (1): 50-58.

[51] Podzorov V, Menard E, Borissov A, et al. Intrinsic Charge Transport on the Surface of Organic Semiconductors [J]. Phys. Rev. Lett., 2004, 93 (8): 086602.

[52] Zilker S J, Detcheverry C, Cantatore E, et al. Bias stress in organic thin-film transistors and logic gates [J]. Appl. Phys. Lett., 2001, 79 (8): 1124-1126.

[53] Horowitz G. Organic thin film transistors: from theory to real devices [J]. J. Mater. Res., 2004, 19 (7): 1946-1962.

[54] Chen Y, Podzorov V. Bias stress effect in "air-gap" organic field-effect transistors [J]. Adv. Mater., 2012, 24 (20): 2679-2684.

[55] Sze S M, Ng K K. Physics of semiconductor devices [M]. John Wiley & Sons, Inc., Hoboken, New Jersey, 2006: 314-316.

[56] Klauk H. Organic thin-film transistors [J]. Chem. Soc. Rev., 2010, 39: 2643-2666.

[57] Shaymurat T, Tang Q, Tong Y, et al. Gas dielectric transistor of CuPc single crystalline nanowire for SO_2 detection down to sub-ppm levels at room temperature [J]. Adv. Mater., 2013, 25 (16): 2269-2273.

3 表面能匹配对于不同单晶材料普适性的讨论

从第2章的实验中，通过比较并分析Ph5T2单晶场效应晶体管在八种具有不同表面能绝缘层上的器件性能，发现绝缘层表面能的极性和色散分量与半导体的值越匹配，可以获得越高器件迁移率的规律。为了验证这个规律在其他有机半导体材料上的普适性，本章分别选用了文献中常用的半导体材料并五苯（pentacene）[1-5]和酞菁锌（zinc phthalocyanine，ZnPc）[6-10]来展开讨论。首先利用物理气相输运的方法分别生长了并五苯和酞菁锌的有机单晶，除了采用传统的二氧化硅作为高表面能的绝缘层外，又分别选择了一个具有中等表面能的p-6P/SiO_2绝缘层和一个具有较低表面能的OTS/SiO_2绝缘层。同样采用金膜印章的方法在这三种绝缘层上分别制备了并五苯和ZnPc的有机单晶场效应晶体管。为了避免实验的差异性和偶然性，在每个绝缘层上制备了至少10个器件。随后分别测量了并五苯单晶和酞菁锌薄膜的接触角，通过计算获得了这两种半导体材料的表面能及其分量如下，并五苯：$\gamma_1^{tot}=34.61\mathrm{mJ/m^2}$，$\gamma_1^{p}=0.06\mathrm{mJ/m^2}$，$\gamma_1^{d}=34.55\mathrm{mJ/m^2}$；酞菁锌：$\gamma_2^{tot}=20.88\mathrm{mJ/m^2}$，$\gamma_2^{p}=0.33\mathrm{mJ/m^2}$，$\gamma_2^{d}=20.55\mathrm{mJ/m^2}$。

3.1 并五苯单晶场效应晶体管

3.1.1 并五苯单晶的生长及表征

并五苯是一种稠环芳烃，由五个苯环并排构成，纯净粉末在室温下呈藏蓝色，其分子式如图3-1所示，是早期分析和讨论有机晶体管最常用也是最经典的有机半导体小分子材料之一[1-5]。并五苯薄膜多采用真空蒸发沉积的方法制备[1-3]，而并五苯单晶则多采用物理气相沉积的方法制备[4,5]。

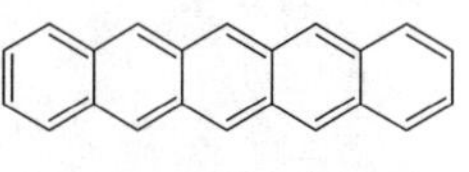

图3-1 并五苯分子结构式

首先利用物理气相输运的方法对并五苯材料进行提纯，同样使用的是水平管式炉在300℃下对并五苯原料进行多次提纯。然后将提纯后的并五苯材料作为原料进行升华生长并五苯单晶。并五苯单晶生长过程与Ph5T2单晶的过程相似。把用丙酮和乙醇依次清洗干净的硅片衬底放入石英管的低温区（沉积区）位置；然后把经过二次提纯好的并五苯原料放在干净的石英舟内，并将带有原料的石英舟置于炉体的高温区，生长并五苯有机单晶。根据多次尝试后获得的实验条件，先利用机械泵将整个炉体抽到机械泵的极限真空状态 0.1Pa，然后使用 99.999% 的高纯氮气作为载气，大约使用 25sccm 的流量将高纯氮气通入炉体内。左侧通入载气，右侧采用机械泵抽真空，在并五苯单晶的生长过程，将炉体的压强维持在一个标准大气压。调整好炉体压强后，在 310℃的生长温度下生长 1h。并五苯单晶生长结束后，放置在水平管式炉低温区的 Si 衬底上就会沉积出藏蓝色的并五苯的片状和带状晶体，具体的扫描电镜图片如图 3-2 所示。从图 3-2（a）~（c）中可以看出并五苯的单晶具有很好的柔性，而且具有规则的晶体边界；从图 3-2（d）中可以看出个别并五苯单晶平贴在衬底表面。

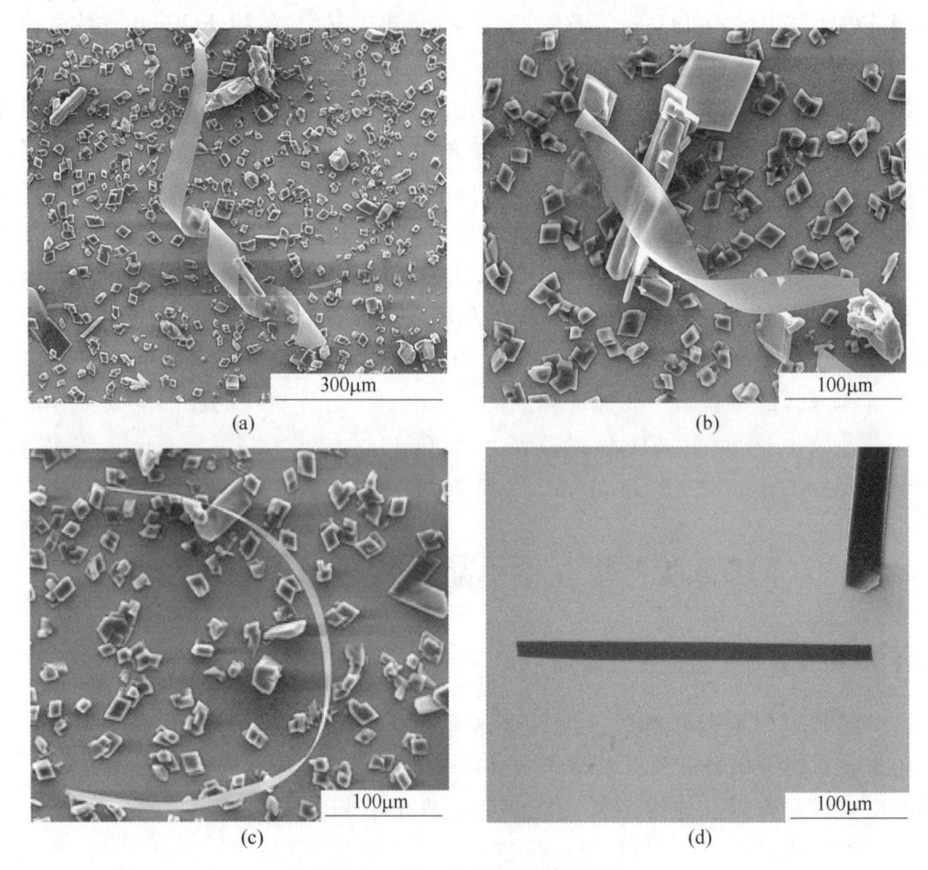

图 3-2　并五苯单晶的 SEM 图

3.1.2　并五苯单晶场效应晶体管的制备及表征

采用金膜印章的方法，在提前选择和制备好的 SiO_2、OTS/SiO_2 和 p-6P/SiO_2 绝缘层上分别制备了并五苯单晶场效应晶体管，并测量了每个器件的场效应性能。典型器件的 SEM 形貌图和三种绝缘层的转移曲线如图 3-3 所示。其中黑线表示典型的并五苯单晶器件在 SiO_2 绝缘层上的转移曲线；灰线表示典型的并五苯单晶器件在 OTS/SiO_2 绝缘层上的转移曲线；虚线表示典型的并五苯单晶器件在 p-6P/SiO_2 绝缘层上的转移曲线；插图是并五苯单晶场效应晶体管典型的 SEM 图。从图 3-3 中可以看出并五苯单晶场效应晶体管在 p-6P/SiO_2 上的器件性能最高。

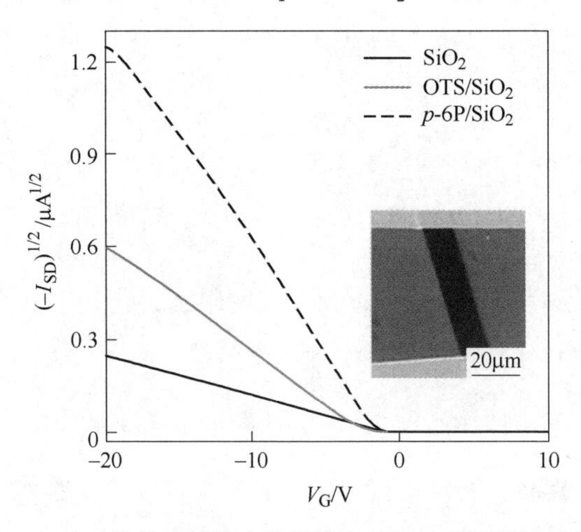

图 3-3　并五苯单晶场效应晶体管在不同绝缘层的转移曲线

为了减小实验中的误差对发现实验规律的影响，在每个绝缘层上至少制备了 10 个并五苯单晶场效应晶体管，并分别测试了每个器件的场效应性能，器件的迁移率、阈值电压、亚阈值斜率和开关比见表 3-1。从表 3-1 中可以看到并五苯单晶场效应晶体管在 p-6P/SiO_2 上的迁移率最高可以达到 5. 29$cm^2/(V \cdot s)$。而在二氧化硅和 OTS 修饰后的二氧化硅绝缘层上的器件性能要稍差一些，最高迁移率分别为 1. 77$cm^2/(V \cdot s)$ 和 3. 03$cm^2/(V \cdot s)$。

表 3-1　并五苯单晶场效应晶体管在三种绝缘层上的场效应性能

绝缘层	迁移率/$cm^2 \cdot (V \cdot s)^{-1}$（最大值）平均值±标准偏差	阈值电压/V 平均值±标准偏差	亚阈值斜率 /$V \cdot nF \cdot (dec \cdot cm)^{-1}$ 平均值±标准偏差	开关比
SiO_2	(1. 77) 1. 47±0. 26	−14. 89±10. 11	8. 70±1. 18	$3.97 \times 10^8 \sim 2.75 \times 10^6$
OTS/SiO_2	(3. 03) 2. 44±0. 42	−10. 91±12. 18	8. 00±2. 49	$3.14 \times 10^8 \sim 1.26 \times 10^6$
p-6P/SiO_2	(5. 29) 3. 79±0. 83	−10. 15±12. 06	6. 16±2. 10	$1.73 \times 10^9 \sim 2.54 \times 10^6$

3.1.3　并五苯表面能的计算及选取

为了分析和讨论绝缘层的表面能对于并五苯单晶场效应晶体管器件性能的影响，采用物理气相输运的方法提高了升华温度，生长出了尺寸较大的并五苯单晶，然后利用接触角测量仪，分别在多个并五苯单晶上测量了去离子水和二碘甲烷的接触角，如图 3-4 所示。图 3-4 中（a）和（b）显示的是通过提高温度生长出来的典型的大尺寸并五苯单晶；图 3-4 中（c）和（d）分别显示的是典型的去离子水和二碘甲烷在并五苯单晶上的接触角。同样根据 Young 方程分别计算出了每个并五苯单晶的表面能，并进行了汇总，见表 3-2。

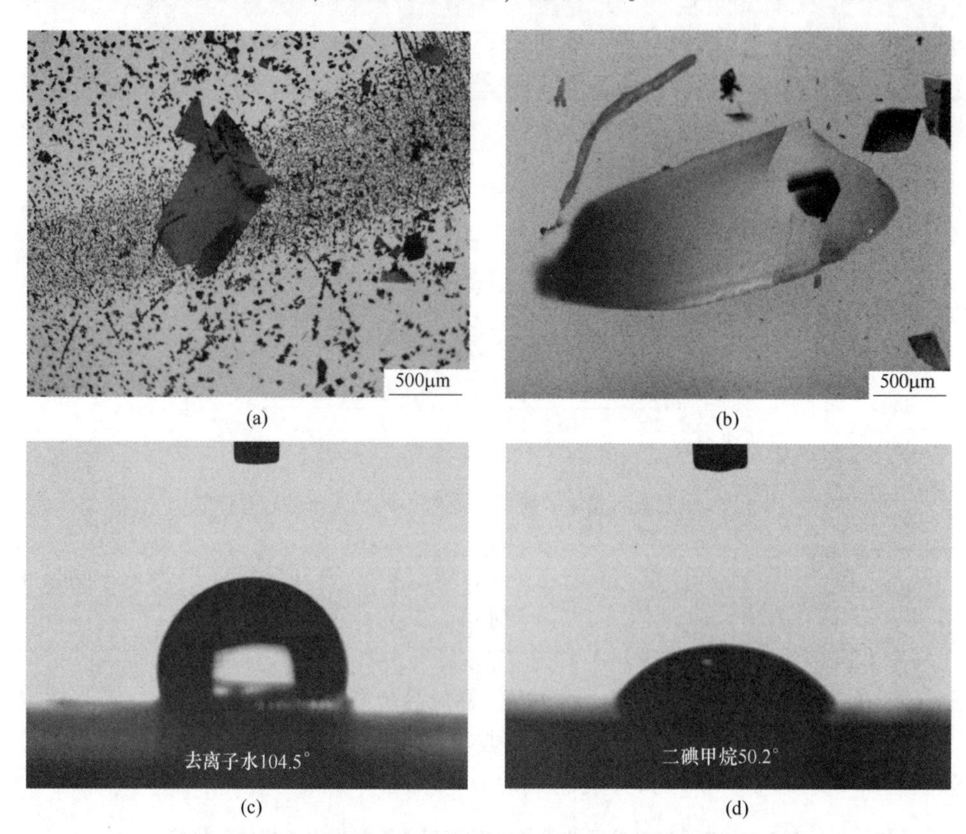

(a)　(b)　(c)　(d)

图 3-4　典型的大尺寸并五苯单晶和去离子水和二碘甲烷在并五苯表面的接触角数据

表 3-2　去离子水和二碘甲烷在并五苯单晶表面的接触角及其表面能的极性和色散分量

序号	接触角/(°)		极性分量	色散分量	总表面能
	去离子水	二碘甲烷	γ^{p}/mJ · m^{-2}	γ^{d}/mJ · m^{-2}	γ^{tot}/mJ · m^{-2}
1	104. 5	50. 2	0. 00	34. 14	34. 14
2	103. 0	50. 0	0. 02	34. 27	34. 29
3	101. 7	49. 9	0. 05	34. 33	34. 38
4	100. 8	49. 5	0. 09	34. 55	34. 64
5	99. 5	47. 9	0. 13	35. 44	35. 57
平均值±标准偏差	101. 90±1. 94	49. 50±0. 98	0. 06±0. 05	34. 55±0. 52	34. 61±0. 57

3.1.4 绝缘层表面能对并五苯单晶场效应晶体管器件性能的影响

根据表3-1中显示的并五苯单晶场效应晶体管在三种绝缘层上的场效应迁移率和表3-2中显示的并五苯单晶表面能的极性和色散分量，以及第2章表2-2中显示的三种绝缘层表面能的表征数据，汇总了关于绝缘层和并五苯半导体表面能与并五苯单晶场效应晶体管迁移率直接关系的数据，见表3-3。

表3-3 并五苯单晶场效应晶体管在三种具有不同表面能绝缘层上的场效应迁移率

材料	γ^{p}/mJ·m^{-2} 平均值±标准偏差	γ^{d}/mJ·m^{-2} 平均值±标准偏差	γ^{tot}/mJ·m^{-2} 平均值±标准偏差	迁移率 /cm^2·(V·s)$^{-1}$ (最大值) 平均值±标准偏差
SiO_2	17.60±0.42	39.59±0.24	57.19±0.62	(1.77)1.47±0.26
OTS/SiO_2	0.40±0.07	17.99±0.15	18.39±0.16	(3.03)2.44±0.42
p-6P/SiO_2	0.29±0.04	38.43±0.56	38.72±0.53	(5.29)3.79±0.83
并五苯	0.06±0.05	34.55±0.52	34.61±0.57	—

注：γ^{p}—极性分量；γ^{d}—色散分量；γ^{tot}—总表面能，$\gamma^{tot}=\gamma^{p}+\gamma^{d}$。

为了便于比较和分析，将表3-3中的数据绘制成了如图3-5所示的规律图。从表3-3和图3-5中可以很明显看出，并五苯单晶场效应晶体管在与其表面能极性和

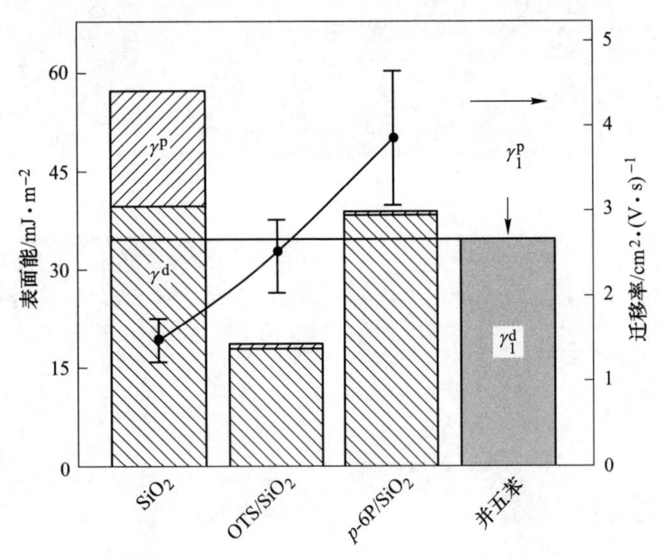

图3-5 并五苯单晶场效应晶体管的器件迁移率与绝缘层表面能分量的关系

色散分量更匹配的 p-6P/SiO_2 绝缘层上，获得了最高的场效应性能，迁移率最高可以达到 5.29$cm^2/(V \cdot s)$。由此可以证明在第 2 章得到的半导体和绝缘层表面能匹配提高迁移率这一规律的普适性在并五苯材料上得到了很完美的验证。

3.2　酞菁锌单晶场效应晶体管

3.2.1　酞菁锌单晶的生长及表征

酞菁锌作为酞菁类有机半导体小分子材料中的一个代表，其分子几何构型如图 3-6 所示，与经典的酞菁铜属于同种酞菁类的有机半导体小分子材料[6-10]。和并五苯相似，酞菁锌薄膜同样多采用真空蒸发沉积的方法制备[6-9]，而酞菁锌单晶则利用物理气相沉积的方法获得[10]。

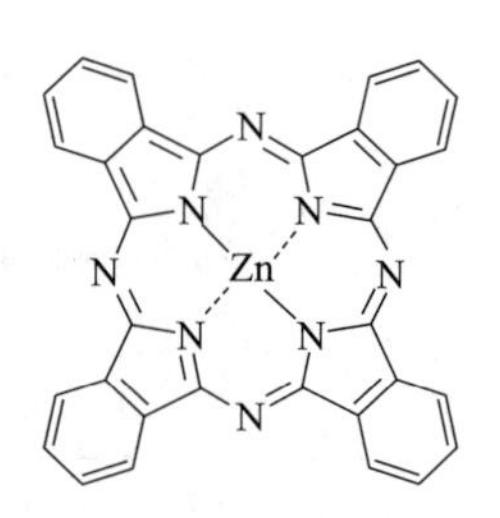

图 3-6　酞菁锌分子结构式

关于酞菁锌的有机单晶，东北师范大学汤庆鑫课题组的勾贺等人利用物理气相输运的方法首次获得，其中对酞菁锌单晶的 SEM 和 AFM 表征如图 3-7 所示。

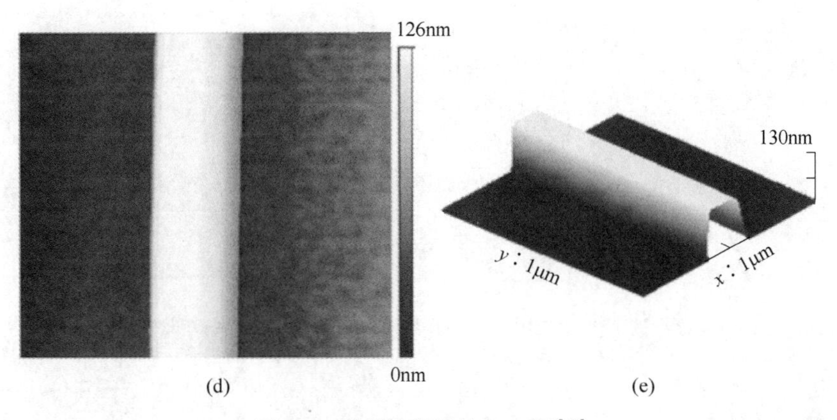

图 3-7 酞菁锌单晶的 SEM 图[10]

首先利用物理气相输运的方法对酞菁锌材料进行提纯，同样使用透明水平管式炉在 290℃下对酞菁锌原料进行多次提纯。然后将提纯后的酞菁锌材料作为原料生长酞菁锌单晶。同样采用物理气相输运的方法制备了酞菁锌有机单晶。首先把用丙酮和乙醇依次清洗干净的硅片衬底放入石英管的低温区（沉积区）位置；然后把经过二次提纯好的酞菁锌原料放在干净的石英舟内，并将其置于炉体的高温区，生长酞菁锌有机单晶。根据多次尝试后获得的实验条件，先利用机械泵将整个炉体抽到机械泵的极限 0.1Pa 的真空状态，然后使用 99.999%的高纯氮气作为载气，大约使用 25sccm 的流量将高纯氮气通入炉体内。左侧通入载气，右侧机械泵抽真空，在酞菁锌单晶的生长过程中，炉体的压强维持在 30Pa。调整好炉体压强后，在 290℃的生长温度下生长 3h。酞菁锌单晶生长结束后，放置在水平管式炉低温区的 Si 衬底上就会沉积出蓝紫色的酞菁锌单晶，具体的扫描电镜图片如图 3-8（a）~（f）中可以看出酞菁锌单晶呈现的是团簇状，从图 3-8（g）中可以看出酞菁锌单晶还具有一定的柔性和韧性；（h）和（i）中呈现的是典型的酞菁锌单晶纳米线和纳米带。在制备了酞菁锌单晶场效应晶体管的同时，测试了酞菁锌单晶器件的场效应性能和光响应性能[10]。

3.2.2 酞菁锌单晶场效应晶体管的制备及表征

采用金膜印章的方法，在提前选择和制备好的 SiO_2、OTS/SiO_2 和 p-6P/SiO_2 绝缘层上制备了酞菁锌单晶场效应晶体管。典型酞菁锌单晶器件的 SEM 形貌图和在三种绝缘层上典型的转移曲线如图 3-9 所示。其中黑线表示典型的酞菁锌单晶器件在 SiO_2 绝缘层上的转移曲线；虚线表示典型的酞菁锌单晶器件在

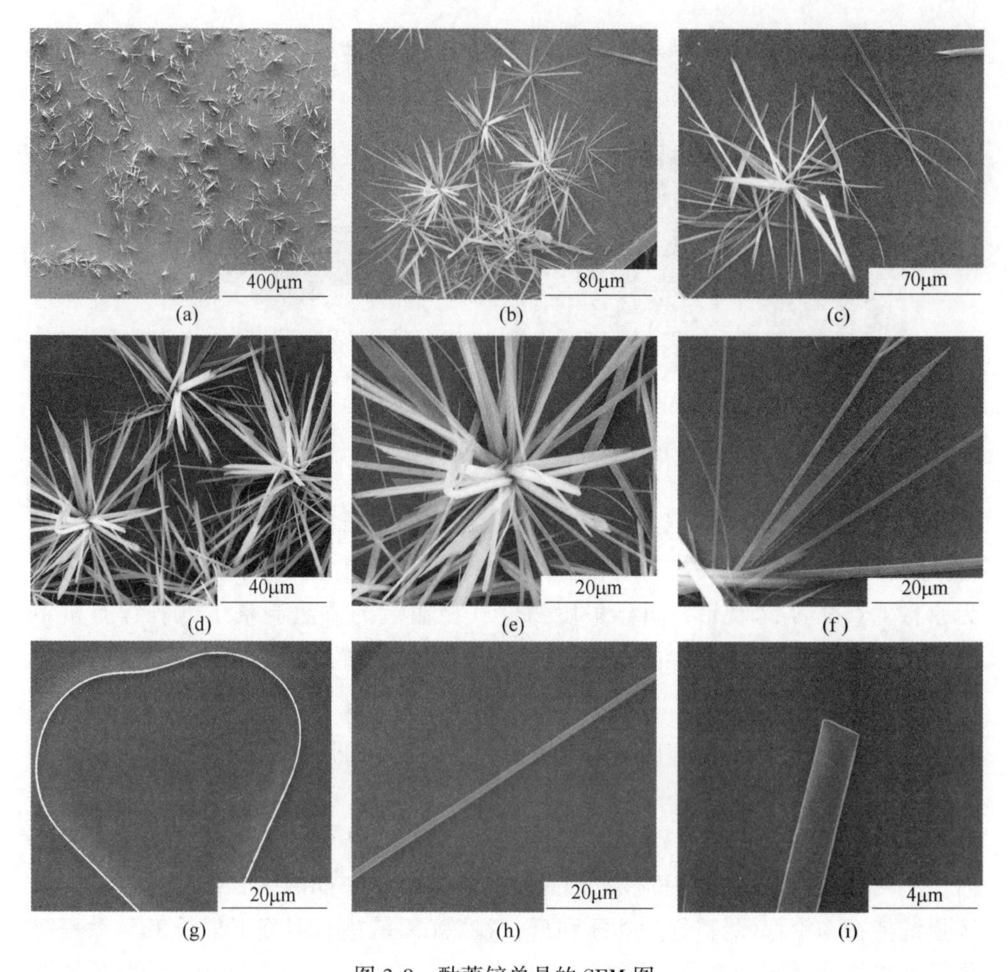

图 3-8 酞菁锌单晶的 SEM 图

OTS/SiO_2绝缘层上的转移曲线；灰线表示典型的酞菁锌单晶器件在 *p*-6P/SiO_2 绝缘层上的转移曲线；插图是酞菁锌单晶场效应晶体管典型的 SEM 图。从图 3-9 中可以很明显地看出酞菁锌单晶场效应晶体管在 OTS 修饰的 SiO_2 绝缘层上的器件性能最高。

为了减小实验误差对实验规律的影响，在每个绝缘层上至少制备了 10 个酞菁锌单晶场效应晶体管，并分别测试了每个器件的场效应性能，器件的迁移率、阈值电压、亚阈值斜率和开关比见表 3-4。从表 3-4 中可以看到酞菁锌单晶器件在 OTS/SiO_2 上的迁移率最高，可以达到 $0.60cm^2/(V \cdot s)$。而在二氧化硅和 *p*-6P 修饰后的二氧化硅绝缘层上的器件性能要稍差一些，最高迁移率分别为 $0.15cm^2/(V \cdot s)$ 和 $0.24cm^2/(V \cdot s)$。

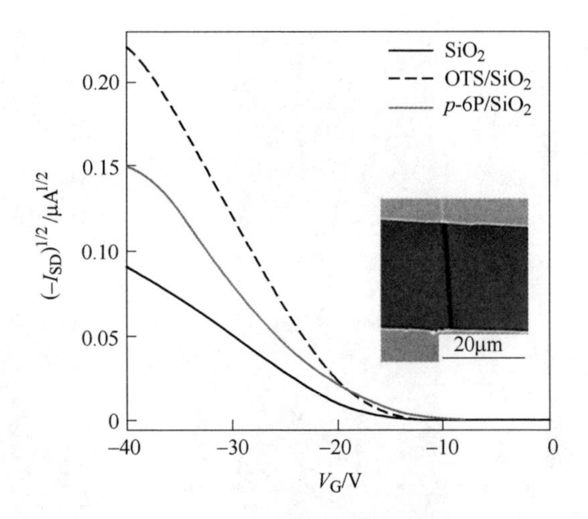

图 3-9 酞菁锌单晶场效应晶体管在不同绝缘层的转移曲线

表 3-4 酞菁锌单晶场效应晶体管在三种绝缘层上的场效应性能

绝缘层	迁移率/$cm^2 \cdot (V \cdot s)^{-1}$（最大值）平均值±标准偏差	阈值电压/V 平均值±标准偏差	亚阈值斜率 /$V \cdot nF \cdot (dec \cdot cm)^{-1}$ 平均值±标准偏差	开关比
SiO_2	(0.15)0.10±0.04	−7.76±5.03	22.73 ±8.65	$3.62\times10^5 \sim 1.81\times10^4$
OTS/SiO_2	(0.60)0.49±0.09	−4.95±9.50	20.78±3.65	$7.50\times10^6 \sim 2.18\times10^5$
p-6P/SiO_2	(0.24)0.18±0.06	−11.64±6.67	22.68±7.38	$9.70\times10^5 \sim 4.13\times10^4$

3.2.3 酞菁锌表面能的计算及选取

酞菁锌半导体材料的表面能及其分量与 Ph5T2 材料表面能的获得相似，同样需要通过测量两种溶剂的接触角度来计算。而且对于酞菁锌单晶来说，所获得的晶体都呈现出线状或带状的晶体，尺寸太小，不足以支撑测试接触角时水和溶液的液滴。为了获得酞菁锌材料的表面能及其分量，同样对酞菁锌薄膜的生长条件进行了优化，并通过 AFM 图像和 XRD 衍射图进行了表征，并选择了晶粒尺寸尽可能大，覆盖度较高的均一的酞菁锌薄膜上的薄膜表面能来代替酞菁锌材料（单晶）的表面能。分别优化了酞菁锌薄膜在不同修饰层和不同沉积厚度下的形貌，不同条件下酞菁锌薄膜的原子力图像如图 3-10 所示，为了更清晰地观察酞菁锌薄膜中晶粒的形貌，测试了 1μm 小范围下的酞菁锌薄膜形貌，如插图所示。

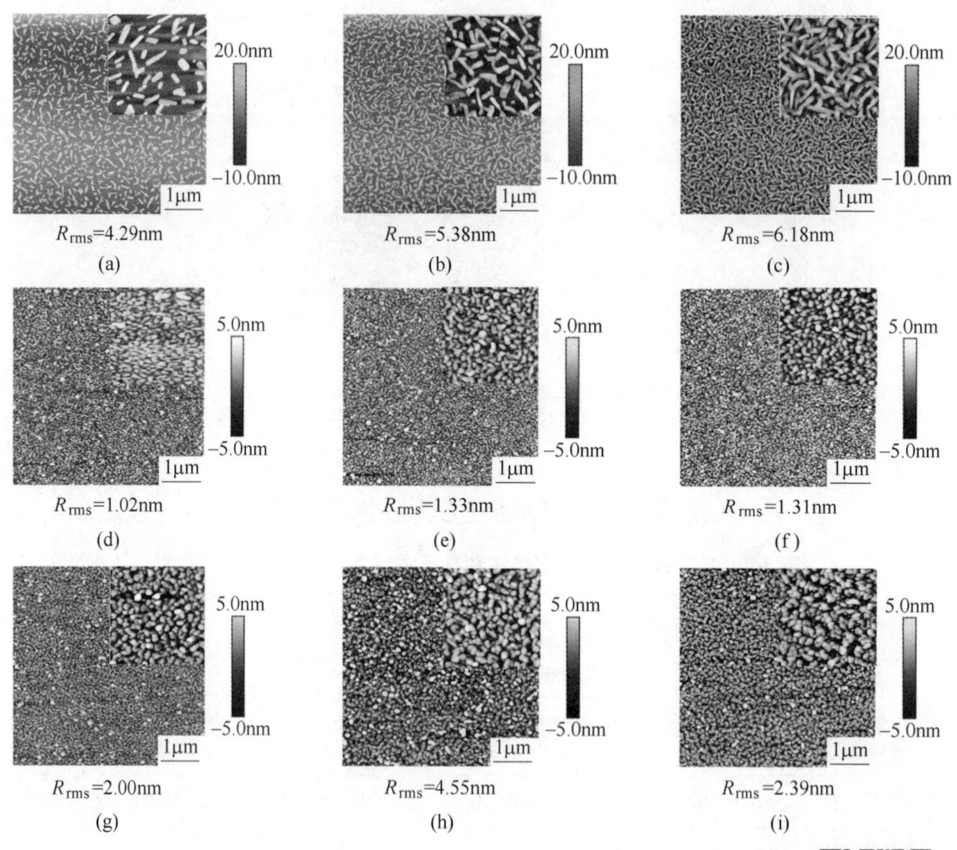

图 3-10　不同单分子修饰层和不同厚度下酞菁锌薄膜的 AFM 形貌图

（a）OTS/SiO_2 5nm；（b）OTS/SiO_2 10nm；（c）OTS/SiO_2 20nm；

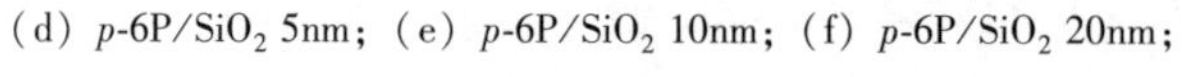
（d）*p*-6P/SiO_2 5nm；（e）*p*-6P/SiO_2 10nm；（f）*p*-6P/SiO_2 20nm；

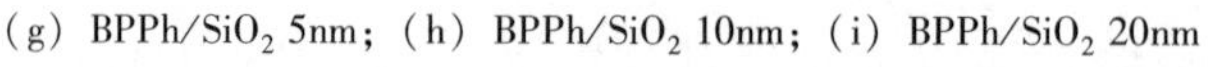
（g）BPPh/SiO_2 5nm；（h）BPPh/SiO_2 10nm；（i）BPPh/SiO_2 20nm

与 Ph5T2 和并五苯半导体表面能的计算方法一致，在优化后的酞菁锌薄膜上分别测量了去离子水和二碘甲烷的接触角，如图 3-11 所示。并分别计算出了每种条件下酞菁锌薄膜表面能及其分量，详细数据见表 3-5。根据图 3-10 中可以看出，酞菁锌在 OTS 修饰的二氧化硅表面，呈现的是棒状生长，与通过物理气相输运法生长的酞菁锌有机单晶更为相似。图 3-10（c）中显示的是酞菁锌薄膜在 OTS 修饰的二氧化硅表面上沉积 20nm 时的 AFM 形貌。该条件下酞菁锌薄膜的晶粒更均一，覆盖度较高，晶粒之间连接更为紧密。因此选取该条件下获得的表面能作为酞菁锌材料的表面能，即极性分量为 0. 33mJ/m^2，色散分量为 20. 55mJ/m^2，总表面能的大小为 20. 89mJ/m^2。

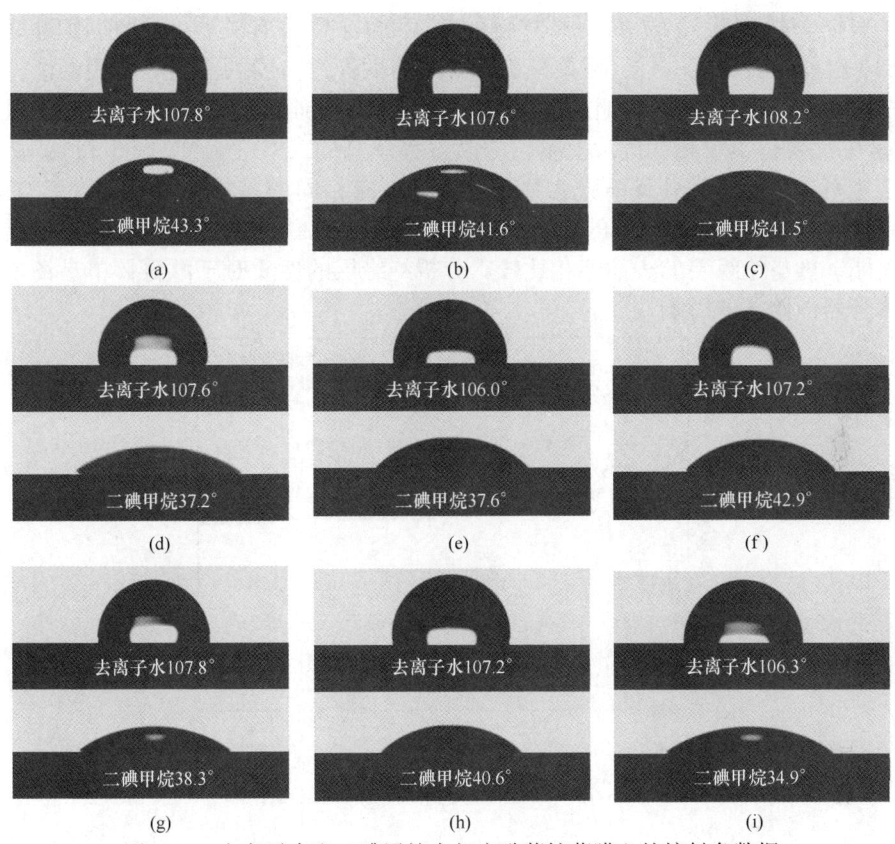

图 3-11 去离子水和二碘甲烷在相应酞菁锌薄膜上的接触角数据

表 3-5 去离子水和二碘甲烷在不同条件下酞菁锌薄膜表面的接触角及相应表面能的极性和色散分量

修饰层	沉积厚度/nm	接触角/(°) 平均值±标准偏差		γ^{p}/mJ · m^{-2} 平均值±标准偏差	γ^{d}/mJ · m^{-2} 平均值±标准偏差	γ^{tot}/mJ · m^{-2} 平均值±标准偏差
		去离子水	二碘甲烷			
OTS	5	107. 80±0. 24	41. 44±1. 95	0. 29±0. 06	21. 09±0. 91	21. 38±0. 86
	10	107. 64±0. 50	39. 44±1. 65	0. 33±0. 03	20. 73±0. 82	21. 06±0. 80
	20	**107. 80±0. 24**	**40. 02±1. 04**	**0. 33±0. 04**	**20. 55±0. 67**	**20. 89±0. 64**
p-6P	5	108. 44±0. 68	38. 58±0. 95	0. 45±0. 07	18. 61±1. 47	19. 05±1. 40
	10	107. 04±0. 49	36. 42±1. 30	0. 36±0. 07	21. 11±1. 33	21. 47±1. 27
	20	107. 92±0. 86	41. 24±1. 28	0. 31±0. 06	20. 75±1. 61	21. 05±1. 56
BPPh	5	108. 34±0. 53	39. 56±1. 36	0. 41±0. 09	19. 17±1. 55	19. 58±1. 46
	10	107. 64±0. 46	41. 46±0. 57	0. 28±0. 05	21. 48±1. 30	21. 75±1. 24
	20	105. 30±0. 60	33. 94±1. 07	0. 26±0. 05	24. 60±1. 47	24. 86 ±1. 42

注：γ^{p}—极性分量；γ^{d}—色散分量；γ^{tot}—总表面能，$\gamma^{tot}=\gamma^{p}+\gamma^{d}$。

根据文献中报道的并五苯薄膜的表面能与晶向有关[11]，同前面测试的Ph5T2材料的表面能一样，需要先确保使用的酞菁锌薄膜的晶向与使用的酞菁锌单晶的晶向是一致的。因此分别测试了在OTS修饰的二氧化硅衬底上沉积了20nm的酞菁锌薄膜和在硅片上生长的酞菁锌单晶的XRD图（见图3-12）。从图3-12中可以看出，酞菁锌薄膜和酞菁锌单晶具有相同的晶相，因此可以用OTS/SiO_2上20nm厚酞菁锌薄膜的表面能及其分量来代替酞菁锌材料或酞菁锌单晶的表面能。再与绝缘层的表面能相比较，分析绝缘层的性质对于酞菁锌单晶场效应晶体管器件性能的影响。

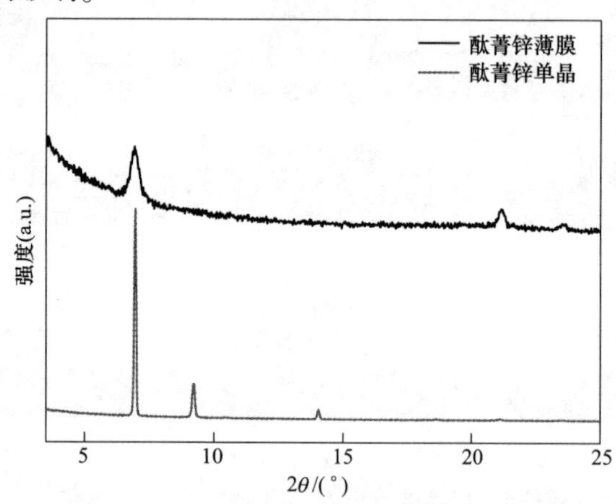

图3-12 酞菁锌单晶和薄膜的XRD图

3.2.4 绝缘层表面能对酞菁锌单晶场效应晶体管器件性能的影响

从第2章表2-2中提供的绝缘层表面能的数据中，可以获得三种绝缘层表面能及其分量。根据表3-4中显示的酞菁锌单晶场效应晶体管在三种绝缘层上的场效应迁移率，以及表3-5中显示的在OTS/SiO_2衬底上20nm厚的酞菁锌薄膜表面能，汇总了如表3-6所示绝缘层和酞菁锌半导体表面能与酞菁锌单晶场效应晶体管迁移率直接关系的数据。

表3-6 酞菁锌单晶场效应晶体管在三种不同具有表面能绝缘层上的场效应迁移率

材料	γ^p/mJ · m^{-2} 平均值±标准偏差	γ^d/mJ · m^{-2} 平均值±标准偏差	γ^{tot}/mJ · m^{-2} 平均值±标准偏差	迁移率/cm^2 · (V · s)$^{-1}$ (最大值) 平均值±标准偏差
SiO_2	17. 60±0. 42	39. 59±0. 24	57. 19±0. 62	(0. 15)0. 10±0. 04
OTS/SiO_2	0. 40±0. 07	17. 99±0. 15	18. 39±0. 16	(0. 60)0. 49±0. 09
p-6P/SiO_2	0. 29±0. 04	38. 43±0. 56	38. 72±0. 53	(0. 24)0. 18±0. 06
酞菁锌	0. 33±0. 04	20. 55±0. 67	20. 89±0. 64	—

注：γ^p—极性分量；γ^d—色散分量；γ^{tot}—总表面能，$\gamma^{tot}=\gamma^p+\gamma^d$。

为了更便于比较和分析，将表 3-6 中的数据绘制成了如图 3-13 所示的规律图。从表 3-6 和图 3-13 中可以很明显看出，酞菁锌单晶场效应晶体管在与酞菁锌表面能极性和色散分量更匹配的 OTS/SiO_2 绝缘层上，获得了最高的场效应性能，酞菁锌有机单晶场效应晶体管迁移率最高可以达到 0.60cm²/(V·s)。由此可以证明发现的半导体和绝缘层表面能分量匹配可以提高单晶器件迁移率这一规律的普适性在酞菁锌材料上也得到了很完美的验证。

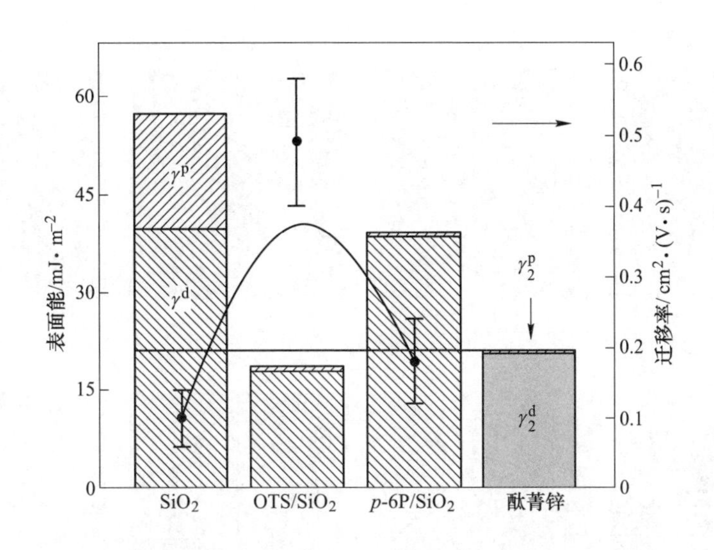

图 3-13 酞菁锌单晶场效应晶体管的迁移率与绝缘层表面能分量的关系

3.3 表面能及其分量匹配与其他实验结论的兼容

半导体与绝缘层表面能分量匹配可以提高单晶器件迁移率的规律不仅基于并五苯和酞菁锌单晶器件得到了证实，而且还能解释其他文献中报道的结论和结果[12-21]。例如，Bae 课题组在四种具有不同表面能的绝缘层上制备了并五苯薄膜场效应晶体管，实验结果显示在具有高表面能的 MTF0 和具有低表面能的 MTF1 绝缘层上获得了相似的载流子迁移率[13]，分别是 1.09cm²/(V·s) 和 1.11cm²/(V·s)。文献中作者测试了在不同绝缘层衬底上沉积的并五苯薄膜的形貌，如图 3-14 所示，其中图 3-14 (a)~(d) 为对应的绝缘层上初始生长 3nm 的并五苯薄膜形貌；图 3-14 (e)~(h) 显示的是后续生长 8nm 的并五苯薄膜形貌，插图显示的是 50nm 厚的相应的绝缘层上并五苯薄膜的形貌。从图 3-14 的 (a) (b) 和 (e) (f) 中可以明显看出在 MTF0 和 MTF1 绝缘层上，并五苯的形貌和晶粒尺寸完全不同。对于这两种绝缘层获得高迁移率的原因，文献中作者分别单独做了分析和讨论。首先其认为在高表面能的 MTF0 绝缘层上，获得高迁移率的原因是并五苯薄膜的晶粒尺寸较大，降低了晶界密度，从而获得了较高的器件迁移率；然而对于低表面能的 MTF1 绝缘层，高迁移率的原因则可能是虽然晶粒尺寸的减小产生了更多的晶界，但是这种均匀而紧密的并五苯晶粒可以使载流子从并五苯之间毫不费力地跳跃，从而也获得了较高的迁移率[13]。文献中作者对于提高器件迁移率的原因分析，本身就存在着矛盾。

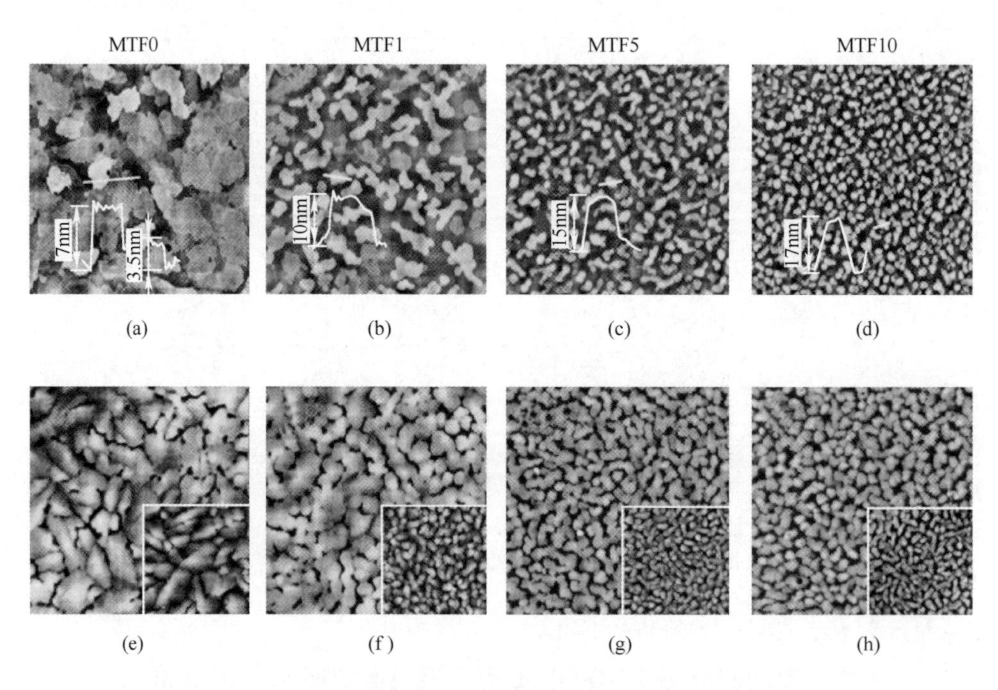

图 3-14　并五苯薄膜在不同绝缘层上的 AFM 形貌图[13]

然而利用本实验发现的半导体和绝缘层表面能分量相匹配可以提高器件迁移率的规律，可以完美地解释在这两种绝缘层上获得相似的器件迁移率的结果。文献中给出的并五苯和四种绝缘层表面能以及器件性能见表 3-7[13]。从表中可以看出，MTF0 绝缘层表面能的色散分量为 36.7mJ/m^2，与并五苯表面能的色散分量 35.3mJ/m^{2}接近；而 MTF1 绝缘层表面能的极性分量为 2.7mJ/m^2，与并五苯表面能的极性分量 3.0mJ/m^{2}相近，因此在这两种绝缘层上获得了相似的而且较高的器件迁移率（1.09cm^2/(V · s) 和 1.11cm^2/(V · s)）。然而对于 MTF5 和 MTF10 绝缘层，其表面能的两个分量与并五苯均有明显差距，因此并五苯薄膜场效应器件在这两种绝缘层上都获得了较低的迁移率（0.23cm^2/(V · s) 和 0.12cm^2/(V · s)）。

表 3-7 并五苯和绝缘层的接触角和表面能及其分量

材料	接触角/(°)		表面能/mJ · m^{-2}			迁移率
	去离子水	二碘甲烷	极性分量	色散分量	总表面能	/cm^2 · (V · s)$^{-1}$
MTF0	72.4	39.3	6.8	36.7	43.5	1.09
MTF1	93.2	67.2	2.7	22.9	25.6	1.11
MTF5	98.6	76.0	2.2	18.4	20.6	0.23
MTF10	102.7	80.6	1.7	16.1	17.9	0.12
并五苯	—	—	3.0	35.3	38.3	—

根据文献报道，表面能的极性分量数值可以表征绝缘层表面极性的强度[22,23]。由于目前文献报道分析和讨论的绝大多数有机半导体材料都是非极性的，例如并五苯[12-14,15,17,23-36]、并四苯（tetracene）[22,37]和 DNTT[16,38]等。先前报道的实验结果均是在非极性的绝缘层上获得更高的器件迁移率，即非极性的有机半导体材料在非极性的绝缘层表面可以获得更高的迁移率，这即是我们发现的规律中表面能分量匹配中的极性分量匹配部分。由此我们发现的半导体和绝缘层表面能分量匹配可以提高器件迁移率的规律可以将绝缘层表面极性对器件迁移率的影响完美融合。

3.4 不同半导体和绝缘层表面能的汇总

通过前面的实验结果，发现的半导体和绝缘层表面能匹配这一规律的普适性在并五苯和酞菁锌半导体材料上都得到了很好的验证。为了便于后续制备高迁移率的有机场效应晶体管，对实验室中所有的半导体和绝缘层的表面能及其分量进行了测量，并将文献报道的所有能搜索到的半导体和绝缘层的表面能及其分量进行了汇总，详细信息见表 3-8 和表 3-9。其中表 3-8 中汇总的是常用半导体的表面能及其分量，表 3-9 中汇总的是常用绝缘层，包括单分子修饰后的绝缘层和聚合物绝缘层的表面能及其分量，供后续提高场效应晶体管的器件迁移率参考。

表 3-8 实验测量和文献报道中常用半导体表面能及其极性和色散分量汇总

半导体材料	接触角/(°)		极性分量	色散分量	总表面能	备注	文献
	去离子水	二碘甲烷	γ^p/mJ · m^{-2}	γ^d/mJ · m^{-2}	γ^{tot}/mJ · m^{-2}		
并五苯	—	—	0.4	41.7	42.1	—	[12]
	—	—	3.0	35.3	38.3	—	[13]
	101.90±1.94	49.50±0.93	0.06±0.05	34.53±0.49	34.58±0.52	单晶	我们工作

续表 3-8

半导体材料	接触角/(°)		极性分量	色散分量	总表面能	备注	文献
	去离子水	二碘甲烷	γ^{p}/mJ·m^{-2}	γ^{d}/mJ·m^{-2}	γ^{tot}/mJ·m^{-2}		
红荧烯	90	59	1. 48	32. 42	33. 90	乙二醇	[39]
	89. 54±0. 40	43. 30±1. 75	1. 24±0. 06	37. 90±0. 91	39. 14±0. 87	薄膜	我们工作
酞菁锌	107. 80±0. 24	40. 02±1. 04	0. 33±0. 04	20. 55±0. 67	20. 89±0. 64	薄膜	我们工作
F_{16}CuPc	106. 7±0. 1	68. 0±0. 1	0. 19±0. 02	24. 00±0. 08	24. 19±0. 06	薄膜	我们工作
TIPS-PEN	95. 95±0. 84	50. 93± 1. 02	0. 60±0. 07	33. 76±0. 57	34. 35±0. 63	薄膜	我们工作
Ph5T2	101. 74±0. 09	40. 28±0. 86	0. 00±0. 01	37. 65±0. 27	37. 65±0. 27	薄膜	我们工作
DNTT	100. 51±0. 22	42. 7±0. 41	0. 02±0. 01	38. 17±0. 18	38. 19±0. 19	薄膜	我们工作

注：F_{16}CuPc：copper hexadecafluorophthalocyanin，全氟酞菁铜；TIPS-PEN：6,13-bis(triisopropylsilylethynyl) pentacene，TIPS 并五苯；Ph5T2：dinaphtho[3,4-d：30,40-d0]benzo[1,2-b：4,5-b0]dithiophene，Ph5T2；DNTT：dinaphtho[2,3-b：2′,3′-f]thieno[3,2-b]thiophene。

表 3-9 实验测量和文献报道中常用绝缘层表面能及其极性和色散分量汇总

绝缘层材料	接触角/(°)		极性分量	色散分量	总表面能	备注	文献
	去离子水	二碘甲烷	γ^{p}/mJ·m^{-2}	γ^{d}/mJ·m^{-2}	γ^{tot}/mJ·m^{-2}		
SiO_2	58. 5	46. 6	14. 7	36. 2	50. 9	—	[17]
	—	—	43. 7±2. 8	29. 1±0. 7	72. 9±3. 5	—	[20]
	4±3	—	46. 0±0. 6	21. 9±0. 5	67. 9±1. 1	—	[22]
	47	31	46. 46	7. 65	54. 1	乙二醇	[39]
	61. 5	53. 9	14. 6	32. 1	46. 7	—	[40]
	50. 94±0. 87	40. 04±0. 48	17. 60±0. 42	39. 59±0. 24	57. 19±0. 62	—	我们工作
OTS/SiO_2	102	85	2. 7	13. 4	16. 1	C_8	[32]
	98. 2	69. 6	1. 5	23. 1	24. 5	O_2	[40]
	106±0. 5	69±0. 5	0	24. 3	24. 3	C_8	[41]
	112. 04±0. 67	49. 78±0. 66	0. 42±0. 05	15. 04±1. 08	15. 47±1. 03	气相	我们工作
	109. 38±0. 67	79. 04±0. 29	0. 40±0. 07	17. 99±0. 15	18. 39±0. 16	液相	我们工作
HMDS/SiO_2	—	—	6. 6±0. 2	42. 0±1. 3	45. 2±1. 7	—	[20]
	68±3	—	13. 0±0. 3	25. 2±0. 4	31. 8±0. 6	—	[22]
	93	66	2. 9	23. 1	26. 0	—	[32]
	74. 8	59. 4	8. 5	28. 9	37. 4	—	[40]
	92. 22±0. 87	49. 84±0. 96	1. 14±0. 11	34. 36±0. 54	35. 50±0. 63	气相	我们工作
PTS/SiO_2	—	—	3. 2±0. 4	42. 0±1. 3	45. 2±1. 7	—	[20]
	80	52	5. 9	29. 6	35. 5	—	[32]

续表 3-9

绝缘层材料	接触角/(°)		极性分量	色散分量	总表面能	备注	文献
	去离子水	二碘甲烷	γ^{p}/mJ·m^{-2}	γ^{d}/mJ·m^{-2}	γ^{tot}/mJ·m^{-2}		
PTS/SiO_2	88±0.5	43±0.5	0.44	38	38.5	—	[41]
	67.70±1.55	47.66±0.78	9.82±0.66	35.56±0.43	45.38±1.06	液相	我们工作
FOTS/SiO_2	—	—	2.8±0.5	15.9±0.9	18.6±1.4	—	[20]
	106	91	2.4	10.9	13.3	—	[32]
	102.42±0.79	84.20±1.21	2.06±0.09	15.40±0.59	17.46±0.63	气相	我们工作
PSPI/SiO_2	89.5	45.3	1.4	36.8	38.2	—	[17]
APS	—	—	15.1±1.3	36.3±2.1	51.4±3.4	—	[20]
PARY C	89±2	—	2.2±0.5	35.2±0.5	37.4±1.0	—	[22]
PUA	106.8	87.6	30.8	8.9	39.7	乙二醇	[42]
BA-11-PA	69.2	33.6	12.7	43.0	55.7	—	[18]
12-PD-PA	82.0	38.6	7.5	40.8	48.3	—	
DDPA	107.1	69.4	1.1	25.8	26.8	—	
PhO-19-PA	79.7	38.1	8.4	41.0	49.4	—	
ODPA	110.3	69.1	0.03	26.0	26.1	—	
Trip-12-PA	68.8	37.1	13.2	41.5	54.6	—	
Bare AlO_x	12.0	36.5	37.7	41.7	79.4	—	
TPGDA	—	—	8.5	34.7	43.1	—	[19]
PVN	—	—	1.1	42.0	43.1	—	
PVS	—	—	0.0	23.1	23.1	—	
PBMA	—	—	1.2	40.9	42.1	—	
PMMA	—	—	2.31	37.0	43.4	旋涂	[20]
	73±2	—	8.0±0.4	27.0±0.4	35.0±0.8	旋涂	[22]
	100.3	79.2	21.1	13.6	34.7	乙二醇	[42]
	73.92±0.27	35.92±0.38	5.25±0.09	41.60±0.18	46.85±0.22	旋涂	我们工作
PS	—	—	0.0	47.5	47.5	旋涂	[19]
	96±2	—	0.8±0.3	31.8±0.3	32.7±0.6	旋涂	[22]
	80	61	11.92	14.38	26.30	乙二醇	[39]
	99.02±0.51	38.04±0.55	0.02±0.01	40.58±0.27	40.60±0.27	旋涂	我们工作
PDMS	92	70	4.01	18.58	22.59	乙二醇	[39]
	120.44±0.83	109.22±1.33	0.91±0.12	5.72±0.37	6.63±0.35	旋涂	我们工作
a-PDMS	121.02±1.03	109.88±1.71	0.88±0.18	5.54±0.46	6.42±0.39	旋涂	
10-PDMS	116.96±0.72	99.30±0.45	0.70±0.07	8.93±0.17	9.62±0.22	旋涂	

续表 3-9

绝缘层材料	接触角/(°)		极性分量	色散分量	总表面能	备注	文献
	去离子水	二碘甲烷	γ^{p}/mJ · m^{-2}	γ^{d}/mJ · m^{-2}	γ^{tot}/mJ · m^{-2}		
CYTOP/SiO_2	112. 16±0. 31	89. 08±0. 67	0. 65±0. 03	13. 11±0. 30	13. 76±0. 29	旋涂	我们工作
OTMS/SiO_2	106. 30±0. 47	77. 16±0. 55	0. 67±0. 04	18. 97±0. 29	19. 64±0. 32	旋涂	
BCB/SiO_2	89. 30±0. 92	47. 00±0. 78	1. 54±0. 16	35. 93±0. 42	37. 42±0. 56	旋涂	
BPPh/SiO_2	101. 04±0. 68	43. 82±0. 65	0. 02±0. 01	37. 64±0. 34	37. 65±0. 34	沉积	
p-6P/SiO_2	95. 70±0. 32	42. 30±1. 07	0. 29±0. 04	38. 43±0. 56	38. 72±0. 53	沉积	
MPT/SiO_2	62. 82±0. 48	44. 32±1. 02	11. 76±0. 35	37. 37±0. 54	49. 13±0. 39	气相	
PU	89. 44±0. 56	31. 98±1. 61	0. 74±0. 06	43. 37±0. 70	44. 11±0. 70	旋涂	我们工作
a-PI	81. 22±1. 00	30. 34±0. 79	2. 36±0. 22	44. 08±0. 33	44. 43±0. 53	旋涂	
PVC	96. 68±1. 16	27. 36±0. 38	0. 02±0. 02	45. 28±0. 15	45. 29±0. 17	旋涂	
PI	80. 80±0. 51	32. 76±0. 53	2. 63±0. 14	43. 04±0. 23	45. 68±0. 26	旋涂	
c-PVA	71. 30±1. 86	41. 26±0. 40	7. 04±0. 81	38. 97±0. 21	46. 01±0. 91	旋涂	
PVP	77. 36±0. 59	28. 32±1. 94	28. 32±1. 94	44. 89±0. 77	48. 24±0. 69	旋涂	
PVA	51. 74±0. 65	40. 94±0. 24	17. 33±0. 39	39. 13±0. 13	56. 47±0. 38	旋涂	

注：O_2—氧等粒子体处理；C_8—8 个碳链的三氯硅烷；C_{18}—18 个碳链的三氯硅烷。

基于我们发现的半导体和绝缘层表面能匹配可以提高单晶场效应晶体管器件迁移率的规律，再依据表 3-7 中测量和汇总的半导体表面能及其分量以及表 3-8 中测量和汇总的绝缘层表面能及其分量，当指定一个表面能确定的半导体，再选取与半导体表面能及其分量均匹配的绝缘层，在该绝缘层表面制备单晶器件，将会基于这种半导体材料获得高迁移率的场效应晶体管。

3.5 本章小结

本章中基于传统的并五苯和酞菁锌单晶，分别在低、中、高具有不同表面能的绝缘层上分别制备了并五苯单晶场效应晶体管和酞菁锌单晶场效应晶体管，证实了表面能分量匹配利于提高迁移率规律的普适性。主要结论如下。

（1）利用物理气相输运法分别生长了高质量的并五苯单晶和酞菁锌单晶，从 SEM 数据中可以看出并五苯单晶和酞菁锌单晶都具有良好的柔韧性。

（2）利用机械转移的方式分别在 SiO_2、OTS/SiO_2 和 *p*-6P/SiO_2 绝缘层上制备了并五苯和酞菁锌的单晶场效应晶体管，并通过电学测试系统充分测量了它们的场效应性能。

（3）利用光学显微镜、AFM 和接触角测量仪对并五苯单晶和优化的酞菁锌薄膜形貌进行了测量，分别获得了并五苯和酞菁锌半导体材料的表面能。

（4）分析半导体和绝缘层表面能的极性和色散分量对于并五苯和酞菁锌单晶器件性能的影响，实验结果表明并五苯单晶器件在与并五苯半导体材料表面能及其分量匹配的 *p*-6P/SiO_2 绝缘层上获得了最高的器件性能，最高迁移率为 5.29cm^2/(V·s)，酞菁锌单晶器件在与酞菁锌半导体材料表面能及其分量匹配的 OTS/SiO_2 绝缘层上获得了最高的器件性能，最高迁移率为 0.60cm^2/(V·s)。基于并五苯和酞菁锌单晶分别制备的单晶场效应晶体管，成功验证了半导体和绝缘层表面能分量匹配可以提高器件迁移率规律的普适性。

（5）基于半导体和绝缘层表面能分量匹配可以提高器件迁移率的规律，通过实验测试和文献汇总的方式，对常用半导体和绝缘层表面能及其分量进行了统计，为制备高迁移率的有机场效应晶体管提供了理论指导和绝缘层的一个选择依据。

参考文献

[1] Ji D, Xu X, Jiang L, et al. Surface polarity and self-structured nanogrooves collaboratively oriented molecular packing for high crystallinity toward efficient charge transport [J]. J. Am. Chem. Soc., 2017, 139 (7): 2734-2740.

[2] Jurchescu O D, Popinciuc M, van Wees B J, et al. Interface-controlled, high-mobility organic transistors [J]. Adv. Mater., 2007, 19 (5): 688-692.

[3] Roberson L B, Kowalik J, Tolbert L M, et al. Pentacene disproportionation during sublimation for field-effect transistors [J]. J. Am. Chem. Soc., 2005, 127 (9): 3069-3075.

[4] Dong J, Yu P, Arabi S A, et al. Enhanced mobility in organic field-effect transistors due to semiconductor/dielectric interface control and very thin single crystal [J]. Nanotechnology, 2016, 27 (27): 275202.

[5] Arabi S A, Dong J, Mirza M, et al. Nanoseed assisted PVT growth of ultrathin 2D pentacene molecular crystal directly onto SiO_2 substrate [J]. Cryst. Growth Des., 2016, 16 (5): 2624-2630.

[6] Yu B, Huang L, Wang H, et al. Efficient organic solar cells using a high-quality crystalline thin film as a donor layer [J]. Adv. Mater., 2010, 22 (9): 1017-1020.

[7] Wang H, Zhu F, Yang J, et al. Weak epitaxy growth affording high-mobility thin films of disk-like organic semiconductors [J]. Adv. Mater., 2007, 19 (16): 2168-2171.

[8] Ji S, Wang X, Liu C, et al. Controllable organic nanofiber network crystal room temperature NO_2 sensor [J]. Org. Electron., 2013, 14 (3): 821-826.

[9] Yang J, Zhu F, Yu B, et al. Simultaneous enhancement of charge transport and exciton diffusion in single-crystallike organic semiconductors [J]. Appl. Phys. Lett., 2012, 100 (10): 103305.

[10] Gou H, Wang G, Tong Y, et al. Electronic and optoelectronic properties of zinc phthalocyanine single-crystal nanobelt transistors [J]. Org. Electron., 2016, 30: 158-164.

[11] Wünsche J, Tarabella G, Bertolazzi S, et al. The correlation between gate dielectric, film

growth, and charge transport in organic thin film transistors: the case of vacuum-sublimed tetracene thin films [J]. J. Mater. Chem. C, 2013, 1: 967-976.

[12] Yang S Y, Shin K, Park C E. The effect of gate-dielectric surface energy on pentacene morphology and organic field-effect transistor characteristics [J]. Adv. Funct. Mater., 2005, 15 (11): 1806-1814.

[13] Kwak S Y, Choi C G, Bae B S. Effect of surface energy on pentacene growth and characteristics of organic thin-film transistors [J]. Electrochem. Solid-State Lett., 2009, 12 (8): G37-G39.

[14] Lim S C, Kim S H, Lee J H, et al. Surface-treatment effects on organic thin-film transistors [J]. Synth. Met., 2005, 148 (1): 75-79.

[15] Nayak P K, Kim J, Cho J, et al. Effect of cadmium arachidate layers on the growth of pentacene and the performance of pentacene-based thin film transistors [J]. Langmuir, 2009, 25 (11): 6565-6569.

[16] Prisawong P, Zalar P, Reuveny A, et al. Vacuum ultraviolet treatment of self-assembled monolayers: a tool for understanding growth and tuning charge transport in organic field-effect transistors [J]. Adv. Mater., 2016, 28 (10): 2049-2054.

[17] Chou W Y, Kuo C W, Cheng H L, et al. Effect of surface free energy in gate dielectric in pentacene thin-film transistors [J]. Appl. Phys. Lett., 2006, 89 (11): 112126.

[18] Hutchins D O, Weidner T, Baio J, et al. Effects of self-assembled monolayer structural order, surface homogeneity and surface energy on pentacene morphology and thin film transistor device performance [J]. J. Mater. Chem. C, 2013, 1 (1): 101-113.

[19] Ding Z, Abbas G A, Assender H E, et al. Improving the performance of organic thin film transistors formed on a vacuum flash-evaporated acrylate insulator [J]. Appl. Phys. Lett., 2013, 103 (23): 233301.

[20] Kim S H, Lee J, Park N, et al. Impact of energetically engineered dielectrics on charge transport in vacuum-deposited bis (triisopropylsilylethynyl) pentacene [J]. J. Phys. Chem. C, 2015, 119 (52): 28819-28827.

[21] Kim K, Song H W, Shin K, et al. Photo-cross-linkable organic-inorganic hybrid gate dielectric for high performance organic thin film transistors [J]. J. Phys. Chem. C, 2016, 120 (10): 5790-5796.

[22] Kim J S, Friend R H, Cacialli F. Surface wetting properties of treated indium tin oxide anodes for polymer light-emitting diodes [J]. Synth. Met., 2000, 111 (99): 369-372.

[23] Shtein M, Mapel J, Benziger J B, et al. Effects of film morphology and gate dielectric surface preparation on the electrical characteristics of organic-vapor-phase-deposited pentacene thin-flim transistors [J]. Appl. Phys. Lett., 2002, 81 (2): 268-270.

[24] Virkar A A, Mannsfeld S, Bao Z, et al. Organic semiconductor growth and morphology considerations for organic thin-film transistors [J]. Adv. Mater., 2010, 22 (34): 3857-3875.

[25] Yang H, Shin T J, Ling M M, et al. Conducting AFM and 2D GIXD studies on pentacene thin

films [J]. J. Am. Chem. Soc., 2005, 127 (33): 11542-11543.

[26] Steudel S, Vusser S D, Jonge S D, et al. Influence of the dielectric roughness on the performance of pentacene transistors [J]. Appl. Phys. Lett., 2004, 85 (19): 4400-4402.

[27] Knipp D, Street R A, Völkel A R. Morphology and electronic transport of polycrystalline pentacene thin-film transistors [J]. Appl. Phys. Lett., 2003, 82 (22): 3907-3909.

[28] Shin K, Yang S Y, Yang C, et al. Effects of polar functional groups and roughness topography of polymer gate dielectric layers on pentacene field-effect transistors [J]. Org. Electron., 2007, 8 (4): 336-342.

[29] Lu Y, Lee W H, Lee H S, et al. Low-voltage organic transistors with titanium oxide/polystyrene bilayer dielectrics [J]. Appl. Phys. Lett., 2009, 94 (11): 113303.

[30] Yang H, Kim S H, Yang L, et al. Pentacene nanostructures on surface-hydrophobicity-controlled polymer/SiO_2 bilayer gate-dielectrics [J]. Adv. Mater., 2007, 19 (19): 2868-2872.

[31] Miskiewicz P, Kotarba S, Jung J, et al. Influence of surface energy on the performance of organic field effect transistors based on highly oriented, zone-cast layers of a tetrathiafulvalene derivative [J]. J. Appl. Phys., 2008, 104 (5): 054509.

[32] Umeda T, Kumaki D, Tokito S. Surface-energy-dependent field-effect mobilities up to $1cm^2/Vs$ for polymer thin-film transistor [J]. J. Appl. Phys., 2009, 105 (2): 024516.

[33] He W, Xu W, Peng Q, et al. Surface modification on solution processable ZrO_2 high-k dielectrics for low voltage operations of organic thin film transistors [J]. J. Phys. Chem. C, 2016, 120 (18): 9949-9957.

[34] Chou W Y, Kuo C W, Chang C W, et al. Tuning surface properties in photosensitive polyimide. Material design for high performance organic thin-film transistors [J]. J. Mater. Chem., 2010, 20 (26): 5474-5480.

[35] Wei C Y, Kuo S H, Hung Y M, et al. High-mobility pentacene-based thin-film transistors with a solution-processed barium titanate insulator [J]. IEEE Electron Device Lett., 2011, 32 (1): 90-92.

[36] Liu C, Zhu Q, Jin W, et al. The ultraviolet-ozone effects on organic thin-film transistors with double polymeric dielectric layers [J]. Synth. Met., 2011, 161 (15/16): 1635-1639.

[37] Cicoira F, Santato C, Dinelli F, et al. Correlation between morphology and field-effect-transistor mobility in tetracene thin films [J]. Adv. Funct. Mater., 2005, 15 (3): 375-380.

[38] Yoo S, Yi M H, Kim Y H, et al. One-pot surface modification of poly (ethylene-alt-maleic anhydride) gate insulators for low-voltage DNTT thin-film transistors [J]. Org. Electron., 2016, 33: 263-268.

[39] Lee H M, Kim J J, Choi J H, et al. In situ patterning of high-quality crystalline rubrene thin films for high-resolution patterned organic field-effect transistors [J]. ACS Nano, 2011, 5 (10): 8352-8356.

[40] Chang K J, Yang F Y, Liu C C, et al. Self-patterning of high-performance thin film transistors

[J]. Org. Electron., 2009, 10 (5): 815-821.

[41] Padma N, Sen S, Sawant S N, et al. A study on threshold voltage stability of low operating voltage organic thin-film transistors [J]. J. Phys. D: Appl. Phys., 2013, 46 (32): 325104.

[42] Park S Y, Kwon T, Lee, H H. Transfer patterning of pentacene for organic thin-film transistors [J]. Adv. Mater., 2006, 18 (14): 1861-1864.

4 高迁移率 DNTT 单晶场效应晶体管的制备

众所周知，当有机场效应晶体管被暴露在空气中时，器件的电学性能通常会随着时间的推移而逐渐下降。而性能下降一般是空气中的水蒸气、氧或臭氧等分子对有机半导体材料氧化的结果[1]。氧化会改变分子轨道的能量，进而影响载流子的传输。例如，当并五苯被氧化时，在分子芳香环中心的氢原子会被氧取代，形成并五苯醌（6,13-pentacenequinone）分子[2]，这样的氧化会导致在中心环上失去共轭。并五苯分子和并五苯醌分子的 HOMO 能级存在差异[3,4]。由于这个 HOMO 能级之间的差异，载流子在并五苯和并五苯醌分子之间很难进行分子交换，所以并五苯醌分子不参与载流子的传输，进而形成了一个散射位点[5]。由此随着时间的推移，越来越多的并五苯分子被氧化，这导致了载流子的迁移率逐渐下降[6-9]。而且可能也是由于并五苯的空气不稳定性，场效应晶体管的器件性能在文献报道中存在很大的差异性[10-14]，不利于横向对比器件的场效应性能。

提高有机场效应晶体管空气稳定性的一个主要的方法就是使用具有更大电离势的半导体分子，这样不容易被空气氧化[15-21]。与不稳定的并五苯材料相比，一种合成的小分子半导体材料（dinaphtho[2,3-b:2′,3′-f]thieno[3,2-b]thiophene，DNTT）由于其具有较大的电离势（5.4eV）[1,22]，不容易被空气中的水和氧所氧化，因此具有很好的稳定性。如图 4-1 所示是在柔性聚萘二甲酸乙二酯（polyethylene naphthalate，PEN）绝缘层上的 DNTT 薄膜场效应晶体管的器件性能随时间变化的性能曲线。其中图 4-1（a）是新鲜器件的输出和转移曲线，器件迁移率约为 0.6cm^2/(V·s)，开关比约为 10^6；图 4-1（b）是在空气和光的环境下连续接触大约 8 个月（实际 246 天）后器件的输出和转移曲线，器件迁移率约为 0.3cm^2/(V·s)，开关比仍为 10^6；从图 4-1（c）可以很明显地看出，DNTT 薄膜场效应晶体管在空气中放置 8 个月后，器件的场效应迁移率仍然可以维持在 DNTT 薄膜晶体管初始值的 50%，而与之相比的并五苯薄膜晶体管的迁移率则在空气中放置三个月后，器件下降超过了一个数量级[1]。由此可以说明具有更大的电离势的 DNTT（5.4eV）半导体材料比并五苯（5.0eV）在空气中更具稳定性。因此在本章则选用这种空气稳定性较好的 DNTT 材料制备有机单晶作为半导体层，制备高空气稳定性的单晶场效应晶体管。

本章采用物理气相输运技术制备了 DNTT 有机单晶，并利用 XRD（Rigaku），

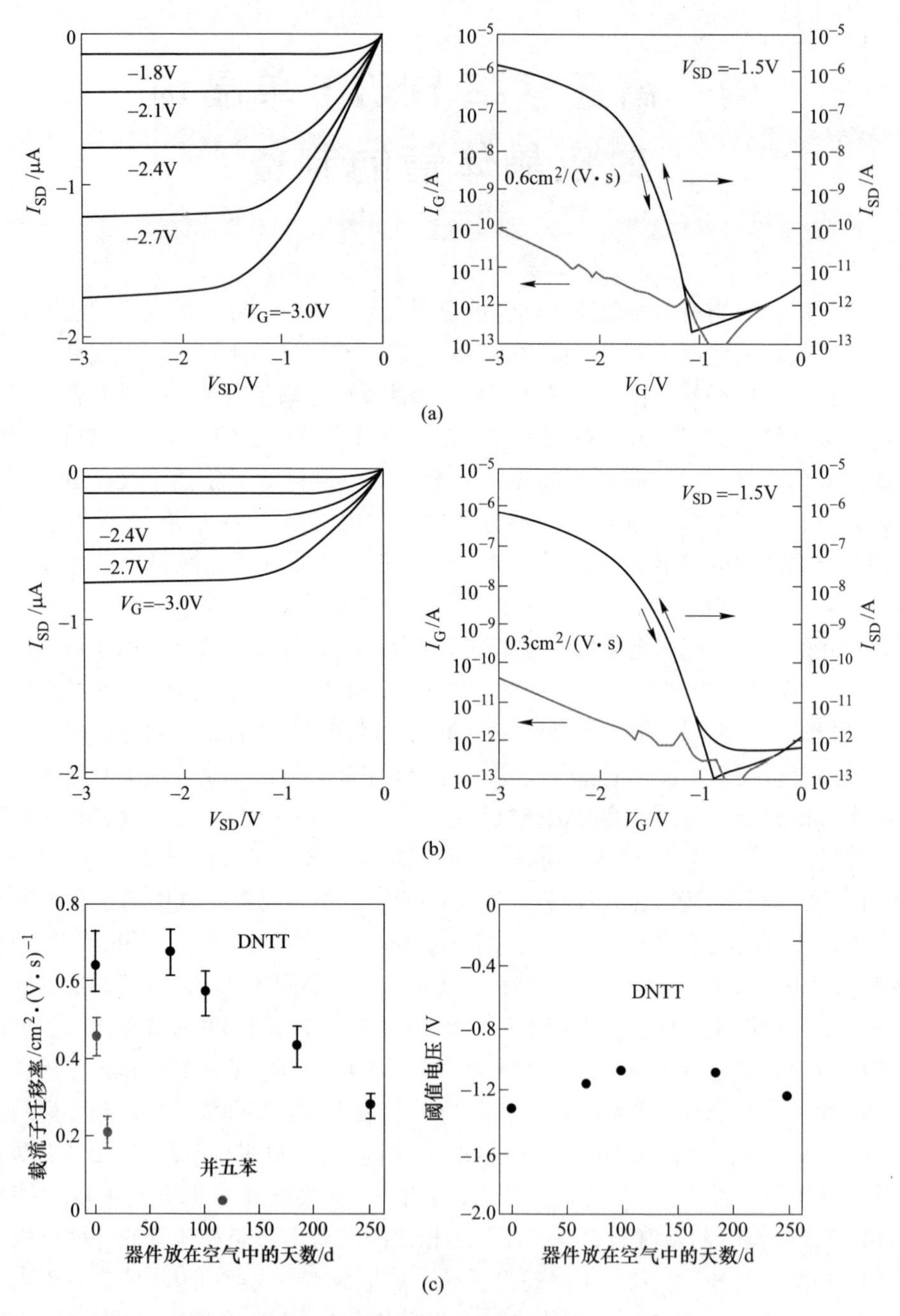

图 4-1 DNTT 薄膜晶体管的优异稳定性[1]

SEM（Micro FEI Philips XL-30 ESEM FEG），AFM（Bruker，Dimension Icon）等对 DNTT 单晶进行表征；选择了具有较好的空气稳定性的 DNTT 单晶作为半导体

层，利用 AFM 和接触角测量仪测量了 DNTT 薄膜的接触角，并计算了 DNTT 半导体材料的表面能及其分量；然后根据在第 3 章汇总的所有绝缘层表面能及其分量的数据选择了与 DNTT 半导体表面能及其分量更匹配的 HMDS 修饰二氧化硅作为绝缘层；为了对比实验，还分别选取了低于和高于 DNTT 半导体材料表面能的两种绝缘层（OTS/SiO_2 和 PTS/SiO_2），以及传统的二氧化硅作为绝缘层；并利用金膜印章的方法在四种绝缘层表面上制备了 DNTT 单晶场效应晶体管，单晶器件结构图以及 DNTT 和单分子修饰层的分子结构式如图 4-2 所示。

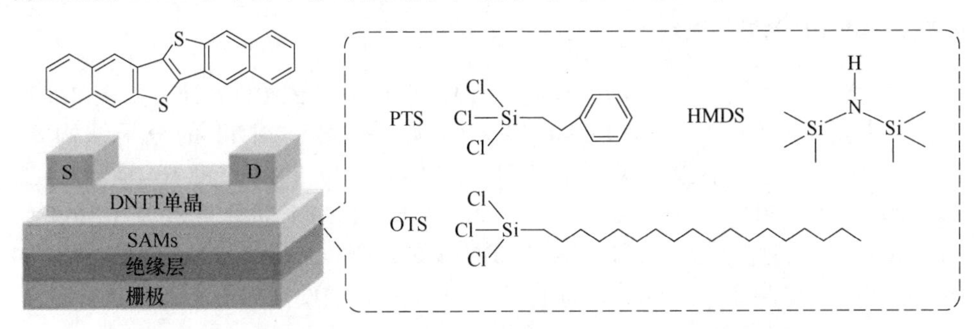

图 4-2 DNTT 单晶场效应晶体管的器件结构示意图和 DNTT 以及修饰层的分子结构式

4.1 DNTT 单晶的生长及表征

4.1.1 DNTT 单晶的生长

文献报道中有很多课题组通过物理气相输运技术获得了 DNTT 单晶体，并制备了 DNTT 单晶场效应晶体管[23-25]。主要是通过对场效应晶体管的界面修改获得了较高的器件迁移率。例如，Haas 等人分别用 TTF-TCNQ（tetrathiafulvalene tetracyanoquinodimethane）修饰半导体/电极界面，并用 Cytop（cyclic transparent optical polymer）修饰二氧化硅绝缘层制备的 DNTT 单晶场效应晶体管，获得了高达 8.3$cm^2/(V \cdot s)$ 的场效应迁移率[24]。截至目前，DNTT 单晶场效应晶体管获得的最高迁移率是在空气间隙作为绝缘层上获得的[25]，最高迁移率为 9.9$cm^2/(V \cdot s)$。

首先利用物理气相输运的方法用透明管式炉将 DNTT 原料进行多次升华提纯，然后在低温区获得较纯的 DNTT 材料，并作为原料进行升华生长 DNTT 单晶。同样使用透明水平管式炉采用物理气相输运的方法制备了 DNTT 有机单晶。DNTT 有机单晶的生长过程与之前生长 Ph5T2、并五苯和酞菁锌单晶的过程相似。首先把用丙酮和乙醇依次清洗干净的硅片衬底放入干净的石英管的低温区的生长位置；然后把经过二次提纯好的 DNTT 原料放在干净的石英舟内，并将装有

DNTT半导体材料的石英舟置于炉体的高温区，生长DNTT有机单晶。根据多次摸索的实验条件，先利用机械泵将整个炉体抽到机械泵的极限真空状态0.1Pa，然后用大约25sccm的流量将99.999%的高纯氮气作为载气通入炉体内。左侧通入载气，右侧机械泵抽真空，保持DNTT单晶的整个生长过程中炉体的压强维持在30Pa的高真空环境下。调整好炉体压强后，在180℃的生长温度下生长15min。DNTT单晶生长结束后，放置在水平管式炉低温区的Si衬底上就会沉积出带有金属光泽的亮黄色的DNTT的晶体。

4.1.2 DNTT单晶的表征

对DNTT单晶进行了XRD、SEM、AFM和光学显微镜的表征，如图4-3所示。其中图4-3（a）是DNTT单晶的XRD图，插图是DNTT的分子结构式。XRD图中显示出两个强而尖锐的XRD衍射峰在 $2\theta = 5.09°$ 和 $16.04°$ 对应的是（001）和（003）反射，$2\theta = 10.54°$ 和 $21.56°$ 的两个弱峰值对应于（002）和（004）的反射。从主峰可以计算出DNTT的晶格间距是1.735nm。这也证实了DNTT生长的晶体表面是a-b平面，这也是电荷传输发生的面[22]。

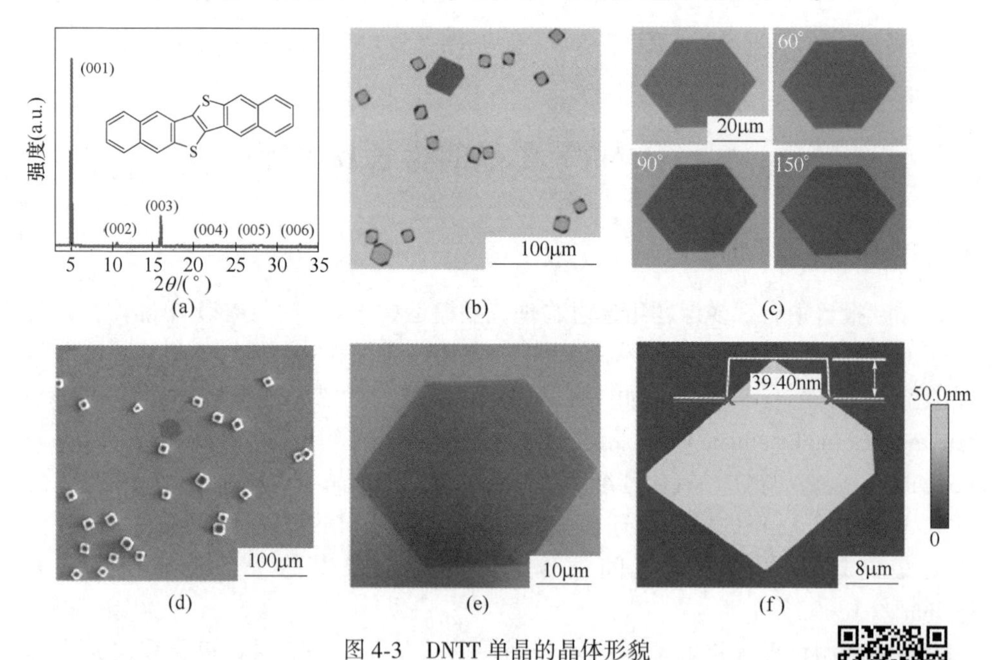

图4-3 DNTT单晶的晶体形貌

扫描二维码查看彩图

如图4-3（b）DNTT单晶的光学显微镜图所示，这些晶体显示出规律的菱形形状，而且在光学显微镜下显示的颜色是均一的，这表明这些片状的结构可能是晶体。从图4-3（c）中DNTT单晶在不同极化角度（0°、60°、90°和180°）的偏振光学显微镜图像，DNTT

单晶呈现出均匀的颜色，表明在形成的 DNTT 微纳米片上具有较高的晶体质量。图 4-3（d）和（e）是 DNTT 单晶的 SEM 图像，从图 4-3 中的 SEM 图和光学显微镜照片也可以发现 DNTT 单晶是平铺在衬底上的，这与 XRD 的数据相一致。通过 AFM 测量主要观察了 DNTT 单晶的不同厚度，图 4-3（f）是典型的 DNTT 单晶的 AFM 图，从图中可以看出，这个典型的 DNTT 单晶的厚度在 40nm 左右。

从图 4-3（b）~（e）中可以看出，通过物理气相输运技术生长的 DNTT 单晶具有不同的晶体厚度，不同厚度的晶体在光学显微镜下观察会呈现出不同的颜色。分别测试了不同颜色的 DNTT 单晶的 AFM 图，显示出了从几十纳米到几百纳米的不同晶体厚度，如图 4-4 所示。从图 4-4 中可以看出，图 4-4（a）土黄色 DNTT 单晶，厚度仅为 40nm；图 4-4（b）深蓝色的 DNTT 单晶，厚度约为 100nm；图 4-4（c）绿色的 DNTT 单晶，厚度约为 200nm，而图 4-4（d）橙色的 DNTT 单晶，厚度约为 400nm。这为后续制备高性能的 DNTT 单晶场效应晶体管提供了前提数据。

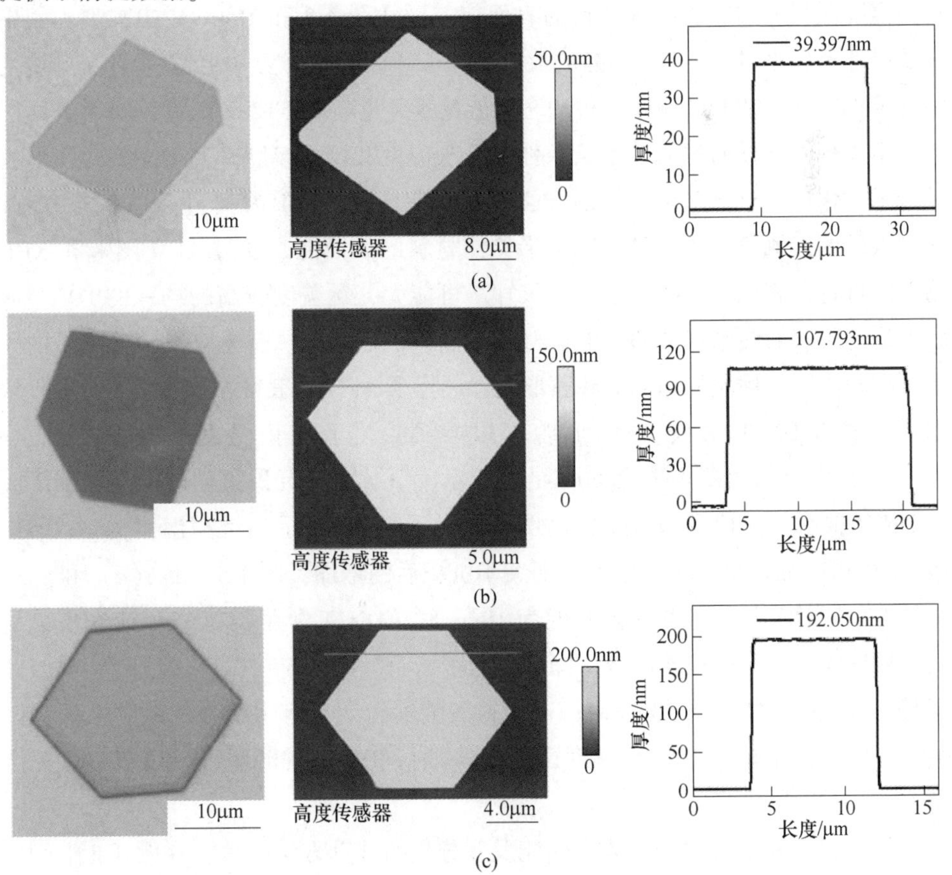

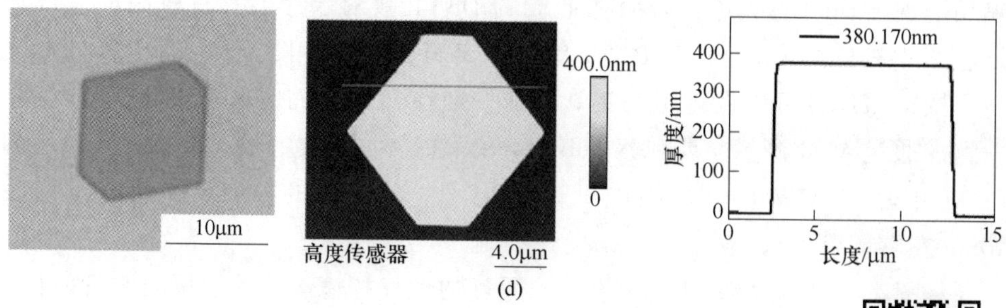

(d)

图 4-4 不同厚度 DNTT 单晶的光学显微镜照片、AFM 和高度图

扫描二维码
查看彩图

4.2 DNTT 表面能的计算及选取

基于 Ph5T2 单晶场效应器件发现的半导体和绝缘层表面能及其分量越匹配，获得器件的迁移率越高的规律。为了制备迁移率高的 DNTT 单晶场效应晶体管，首先需要获得 DNTT 半导体材料的表面能。而从图 4-3 和图 4-4 中 DNTT 生长出来的晶体形貌来看，DNTT 单晶的尺寸较小，不足以支撑测试接触角时探测溶剂的液滴。因此 DNTT 半导体材料的表面能及其分量与 Ph5T2 和酞菁锌材料表面能的获得相似，同样通过调节生长条件（生长温度和沉积厚度）对 DNTT 薄膜形貌进行了优化。通过测量两种溶剂（去离子水和二碘甲烷）在每种条件下的 DNTT 薄膜表面的接触角度来计算 DNTT 半导体材料的表面能。通过 AFM 图像和 XRD 衍射图进行了表征，并选择了晶粒尺寸尽可能大，覆盖度较高的均一的 DNTT 薄膜上的薄膜表面能来代替 DNTT 材料（单晶）的表面能。首先对不同沉积温度和不同沉积厚度下优化的 DNTT 薄膜形貌，进行了 AFM 的表征，如图 4-5 所示。从图 4-5 中的 DNTT 薄膜 AFM 形貌可以看到，关于沉积温度的改变：图 4-5（a）~（f）中显示，在 40℃ 和 60℃ 的沉积温度下，由于沉积温度过低，导致形成的 DNTT 薄膜的晶粒尺寸较小；而图 4-5（g）~（i）显示当沉积温度为 80℃ 时，DNTT 薄膜的晶粒尺寸明显增大。而关于沉积后的增加：图 4-5（a）（d）和（g）中的 DNTT 形貌显示，当沉积厚度为 10nm 时，DNTT 薄膜没有完全铺满整个衬底，衬底还有明显的裸露部分；图 4-5（b）（e）和（h）中的形貌显示当 DNTT 薄膜的沉积厚度增加至 30nm 时，对于衬底的覆盖效果有了明显的改善；而当图 4-5（c）（f）和（i）中沉积厚度达到 50nm 时，DNTT 的薄膜已可以将衬底完全覆盖。

与 Ph5T2 和酞菁锌半导体表面能及其分量的计算方法一致，在图 4-5 中优化

图 4-5 不同沉积温度和不同厚度下 DNTT 薄膜的 AFM 形貌图

（a）40℃ 10nm；（b）40℃ 30nm；（c）40℃ 50nm；（d）60℃ 10nm；（e）60℃ 30nm；（f）60℃ 50nm；（g）80℃ 10nm；（h）80℃ 30nm；（i）80℃ 50nm

扫描二维码
查看彩图

后的 DNTT 薄膜上分别测量了去离子水和二碘甲烷的接触角，如图 4-6 所示。为了减小实验的误差，在每个条件下的薄膜上分别测量了五个以上独立的点，并分别计算出所有 DNTT 薄膜表面能及其极性和色散分量，详细数据见表 4-1。根据图 4-5 中 DNTT 薄膜的 AFM 图中的形貌可以看出，同在 OTS 修饰的二氧化硅表面上，采用 80℃下沉积 50nm 的时候，DNTT 薄膜的粗糙度小、晶粒尺寸大，覆盖度也高，而且晶粒之间连接更为紧密。因此选取该条件下获得的表面能作为 DNTT 材料的表面能，即极性分量为 0.01mJ/m^2，色散分量为 38.36mJ/m^2，总表面能的大小为 38.37mJ/m^2。

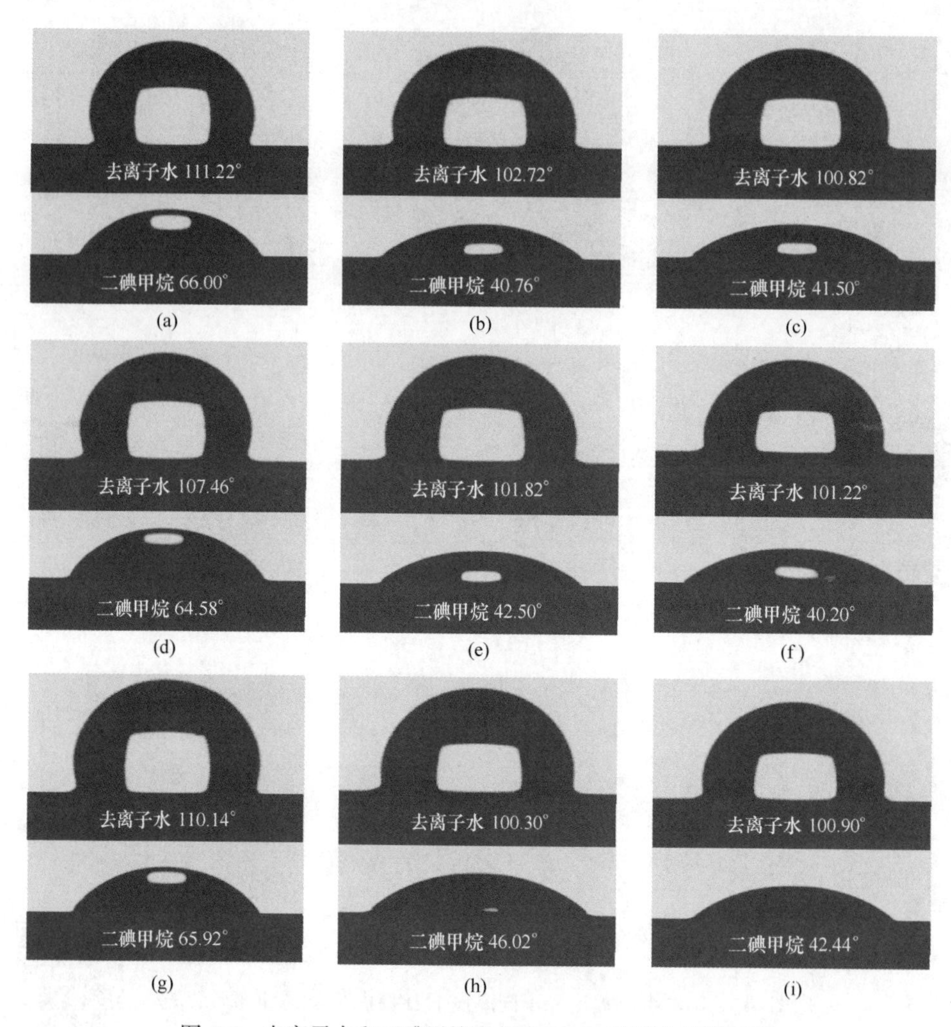

图 4-6　去离子水和二碘甲烷在相应 DNTT 薄膜上的接触角

表 4-1　去离子水和二碘甲烷在不同条件下 DNTT 薄膜表面的接触角及相应表面能的极性和色散分量

沉积温度/℃	沉积厚度/nm	接触角/(°) 平均值±标准偏差		γ^{p}/mJ·m^{-2} 平均值±标准偏差	γ^{d}/mJ·m^{-2} 平均值±标准偏差	γ^{tot}/mJ·m^{-2} 平均值±标准偏差
		去离子水	二碘甲烷			
40	10	111.22±0.49	66.00±0.29	0.01±0.00	24.29±0.96	24.29±0.95
	30	102.72±0.66	40.76±0.36	0.02±0.01	34.78±1.88	34.80±1.87
	50	100.82±0.63	41.50±0.59	0.01±0.01	38.85±0.30	38.85±0.31
60	10	107.46±0.47	64.58±0.59	0.06±0.01	25.94±0.34	26.00±0.34
	30	101.82±0.16	42.50±0.49	0.00±0.00	38.28±0.31	38.28±0.31
	50	101.22±0.68	40.20±0.49	0.00±0.00	38.73±1.29	38.73±1.29

续表 4-1

沉积温度/℃	沉积厚度/nm	接触角/(°) 平均值±标准偏差		γ^p/mJ·m^{-2} 平均值±标准偏差	γ^d/mJ·m^{-2} 平均值±标准偏差	γ^{tot}/mJ·m^{-2} 平均值±标准偏差
		去离子水	二碘甲烷			
80	10	110. 14±0. 67	65. 92±0. 26	0. 01±0. 01	25. 18±0. 15	25. 18±0. 15
	30	100. 30±0. 34	46. 02±0. 59	0. 06±0. 01	36. 46±0. 32	36. 52±0. 32
	50	**100. 90±0. 66**	**42. 44±0. 17**	**0. 01±0. 01**	**38. 36±0. 09**	**38. 37±0. 09**

注：γ^p—极性分量；γ^d—色散分量；γ^{tot}—总表面能，$\gamma^{tot}=\gamma^p+\gamma^d$。

根据文献中报道的并五苯薄膜的表面能与晶向有关[26]，同前面测试的 Ph5T2 材料和酞菁锌材料表面能一样，需要先确保使用的 DNTT 薄膜的晶向与使用的 DNTT 单晶的晶向是一致的。因此分别测试了在 OTS 修饰的二氧化硅衬底上沉积了 50nm 的 DNTT 薄膜和在硅片上生长的 DNTT 单晶的 XRD 图，如图 4-7 所示。从图中可以看出，DNTT 薄膜和 DNTT 单晶具有相同的晶相，因此可以用 OTS/SiO_2 上 50nm 厚 DNTT 薄膜的表面能来代替 DNTT 材料或 DNTT 单晶的表面能。

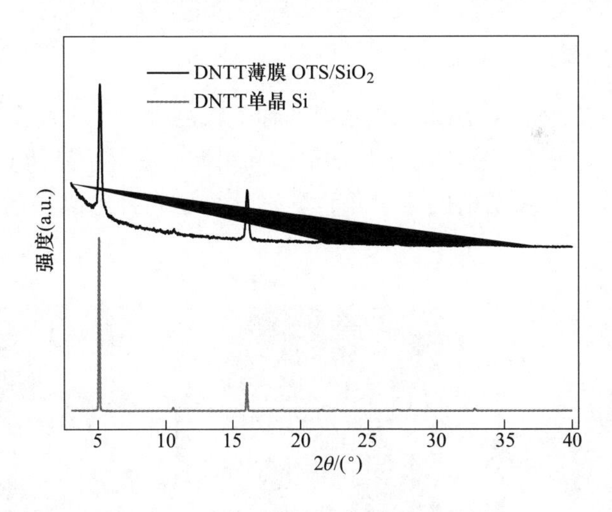

图 4-7　DNTT 单晶和薄膜的 XRD 图

4.3　绝缘层的选取、制备及表征

4.3.1　绝缘层的选取及制备

使用热氧化的二氧化硅作为绝缘层，通过使用乙醇和丙酮对裁剪好的二氧化硅片进行多次的清洗。为了保证绝缘层制备方法的一致性，本章实验中的三种修饰层，均采用的是有机小分子材料，并都采用溶液浸泡的方式对二氧化硅绝缘层进行修饰。根据在第 3 章汇总的绝缘层表面能及其分量的数据，在本章实验中，选择了与 DNTT 半导体表面能相对匹配的六甲基二硅氮烷（hexamethyldisilane，HMDS）修饰的二氧化硅作为绝缘层，为了对比器件迁移的差异，还分别选取了低于和高于 DNTT 半导体材料表面能的两种绝缘层：十八烷基三氯硅烷（octadecyl trichlorosilane，OTS）和苯乙基三氯硅烷（phenethyl trichlorosilane，PTS）作为单分子修饰材料，修饰二氧化硅绝缘层表面。

绝缘层的制备过程，首先是将清洗干净的二氧化硅衬底在食人鱼洗液中浸泡 30min，然后用二次去离子水进行多次彻底的清洗；然后分别对经过食人鱼洗液处理过的二氧化硅衬底进行 PTS、HMDS 和 OTS 的单分子修饰。其中 PTS 的甲苯溶液为 PTS 和甲苯按照体积比为 1∶600 配制而成；HMDS 的正己烷溶液为 HMDS 和正己烷按照体积比为 1∶1000 配制而成；OTS 的正庚烷溶液为 OTS 和正庚烷按照体积比为 1∶2000 配制而成。溶液修饰的过程，将食人鱼洗液处理好的二氧化硅衬底在三种溶液中单独处理 12h，然后用三氯甲烷进行超声清洗，最后在 100℃的高温干燥箱内退火 5min，冷却后即可直接使用。

4.3.2　绝缘层的表征

实验中利用 AFM 和接触角测量仪对四种绝缘层进行了表征，如图 4-8 所示。从图中可以看出，修饰后的单分子层的形貌和粗糙度没有明显的变化。根据去离子水和二碘甲烷在绝缘层上的接触角，分别计算了四种绝缘层的表面能及其分量，见表 4-2。

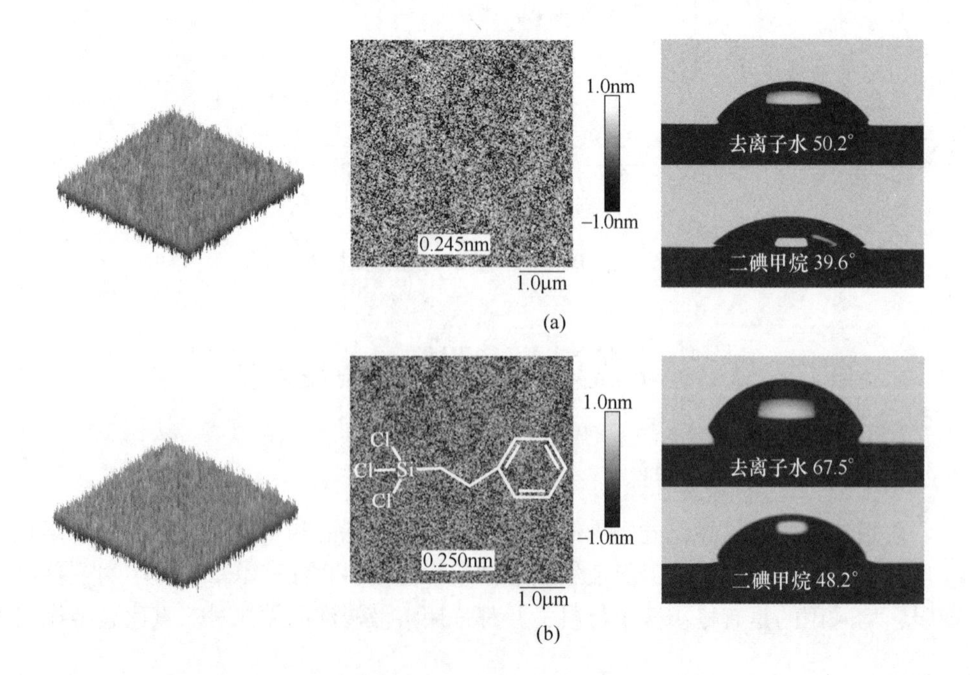

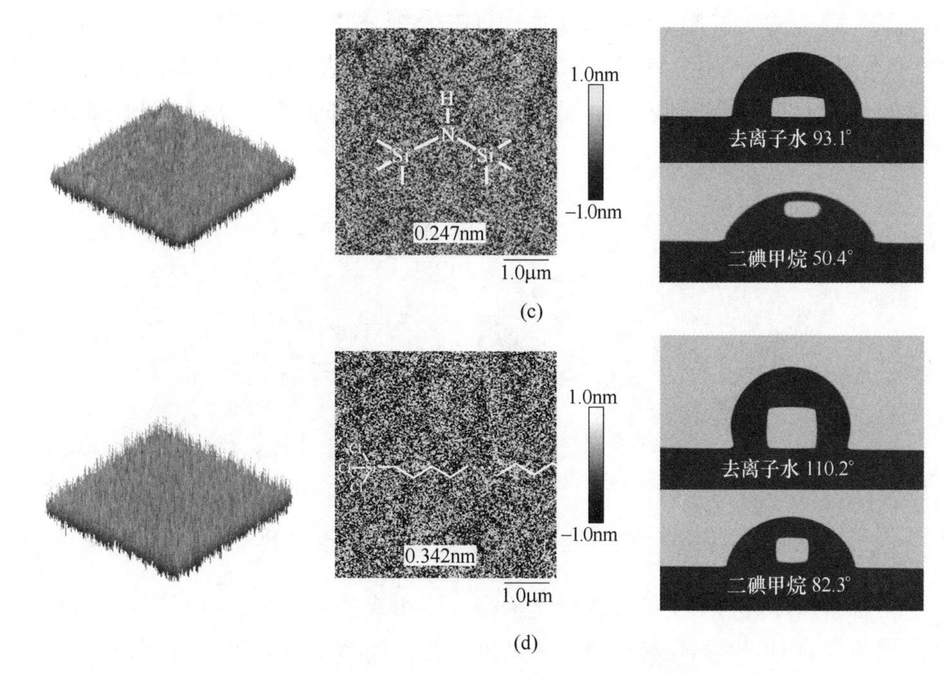

图 4-8 不同绝缘层的 AFM 图和接触角数据图

(a) SiO_2；(b) PTS/SiO_2；(c) HMDS/SiO_2；(d) OTS/SiO_2

表 4-2 绝缘层表面去离子水和二碘甲烷的接触角及相应表面能的极性和色散分量

绝缘层	接触角/(°) 平均值±标准偏差		γ^p/mJ · m^{-2}	γ^d/mJ · m^{-2}	γ^{tot}/mJ · m^{-2}
	去离子水	二碘甲烷	平均值±标准偏差	平均值±标准偏差	平均值±标准偏差
SiO_2	50.94±0.87	40.04±0.48	17.60±0.42	39.59±0.24	57.19±0.62
PTS/SiO_2	67.70±1.55	47.66±0.78	9.82±0.66	35.56±0.43	45.38±1.06
HMDS/SiO_2	92.22±0.87	49.84±0.96	1.14±0.11	34.36±0.54	35.50±0.63
OTS/SiO_2	111.44±0.49	82.10±0.43	0.34±0.03	16.43±0.22	16.78±0.23

注：γ^p—极性分量；γ^d—色散分量；γ^{tot}—总表面能，$\gamma^{tot}=\gamma^p+\gamma^d$。

4.4 高迁移率 DNTT 单晶场效应晶体管的制备

有机场效应晶体管的器件迁移率与很多因素有关[27]，例如半导体纯度[28-31]、晶体结构（单晶或薄膜）[32-37]、晶粒尺寸[38]、接触电阻[39]等。为了获得高迁移率的 DNTT 单晶场效应晶体管器件，同样从这几方面分别进行优化。

首先对于有机小分子半导体材料，半导体的纯度会对器件的性能造成很大的影响，因此为了获得高迁移率的 DNTT 单晶场效应晶体管，首先利用物理气相输运的方法对 DNTT 材料进行了提纯，利用提纯后的 DNTT 材料作为原料生长 DNTT 有机单晶，利用金膜印章的方法，再通过绝缘层的表面修饰，制备了高迁移率的 DNTT 单晶场效应晶体管，器件的结构图和典型的 SEM 照片如图 4-9 所示。

图 4-9　DNTT 单晶场效应晶体管的示意图（a）和 SEM 图（b）

然后通过提纯 DNTT 的晶体纯度，来获得更高的器件迁移率。通过实验对比了提纯前后 DNTT 单晶场效应晶体管器件迁移率的变化，如图 4-10 所示。从图中发现在四个绝缘层上，提纯后的 DNTT 单晶场效应器件的迁移率都有明显的提高。

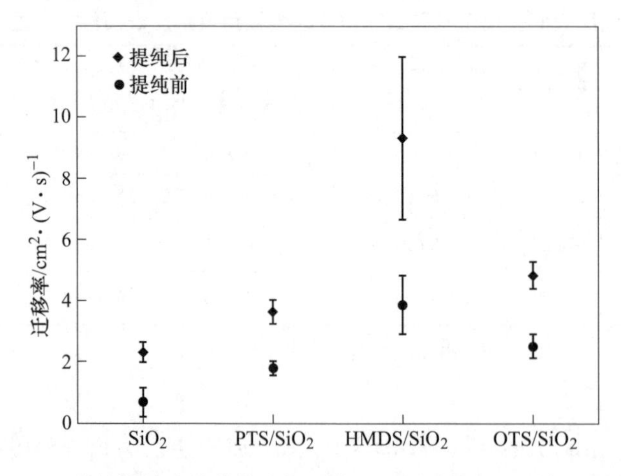

图 4-10　DNTT 单晶场效应晶体管在提纯前后不同绝缘层上器件迁移率的分布

在有机场效应晶体管的四种器件构型中，对于底栅顶接触结构的有机场效应晶体管来说，晶体厚度越薄，利用该晶体制备的器件电阻越小[39]。文献中报道，对于有机小分子材料的单晶制备底栅顶接触的有机场效应晶体管来说，晶体的厚度会影响到器件的场效应性能。实验结果显示，晶体厚度越薄，器件迁移率越高[40]。从前文图 4-4 中 DNTT 单晶光学显微镜和 AFM 的数据中可以看出 DNTT 单晶具有不同晶体厚度而且呈现出不同颜色。因此为了提高 DNTT 单晶场效应晶体管的器件性能，选用了超薄的厚度约为 40nm 土黄色的 DNTT 单晶制备 DNTT 单晶器件，减小电极和半导体注入电阻，提高器件性能。

为了获得高迁移率的 DNTT 单晶场效应晶体管，本实验中首先选用了二次提纯后的 DNTT 材料作为原料生长出 DNTT 单晶；为了减小接触电阻，并在其中挑选出超薄的 DNTT 单晶作为半导体层；为了避免蒸镀过程中热辐射对半导体的影响，采用金膜印章的方法制备了 DNTT 单晶场效应晶体管；基于半导体和绝缘层表面能匹配提高器件迁移率的规律，选用了 HMDS/SiO_2 作为绝缘层对 DNTT 单晶场效应晶体管的器件性能进行优化。为了对比实验，并在 SiO_2、PTS/SiO_2、HMDS/SiO_2 和 OTS/SiO_2 四种具有不同表面能的绝缘层上制备 DNTT 单晶场效应器件。为了减小实验误差和实验的偶然性，在每个绝缘层上制备了至少 10 个 DNTT 单晶器件，并分别测量了每个器件的输出和转移曲线，如图 4-11 所示。从图中（a_1）~（d_1）的输出曲线可以看出，在较小的 V_{SD} 下，四个绝缘层上的输出曲线都呈现出很完美的线性，说明采用金膜印章的方法制备的 DNTT 单晶器件都具有较小的接触电阻。从图中（a_2）~（d_2）四个绝缘层上的转移曲线可以看出，DNTT 单晶场效应晶体管在 HMDS/SiO_2 上的器件性能最高，DNTT 单晶器件的所有场效应性能见表 4-3，从表中可以看到 DNTT 单晶场效应晶体管在 HMDS 修饰的二氧化硅绝缘层上，迁移率最高可以达到 13.02cm^2/(V·s)，高于目前报道的最高值[25]。

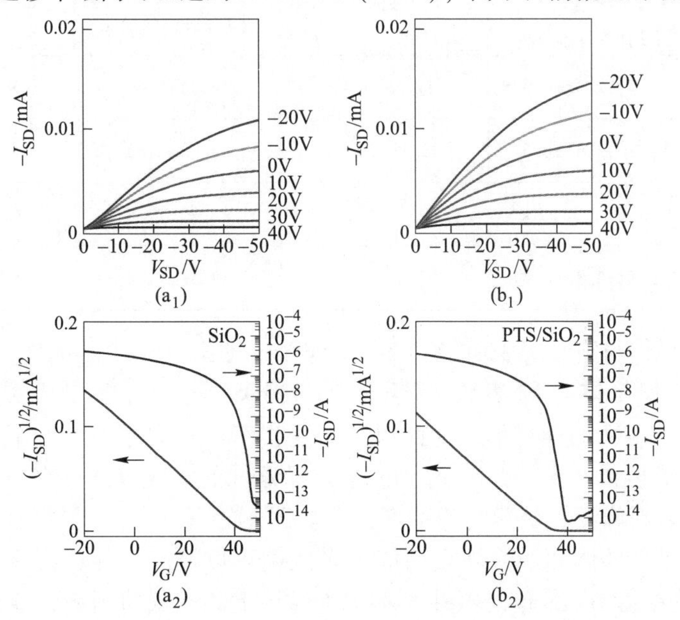

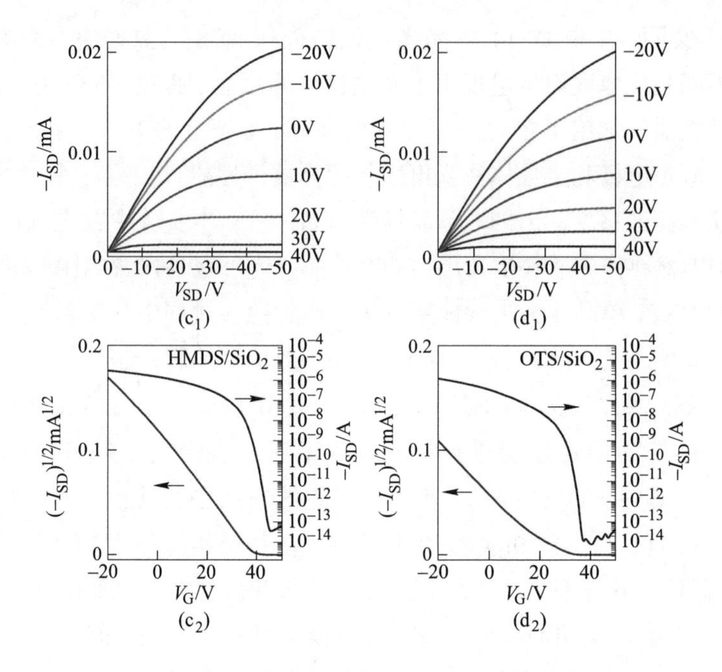

图 4-11　DNTT 单晶场效应晶体管在不同绝缘层的转移和输出曲线

表 4-3　DNTT 单晶场效应晶体管在四种绝缘层上的场效应性能

绝缘层	迁移率 /$cm^2 \cdot (V \cdot s)^{-1}$ (最大值) 平均值±标准偏差	阈值电压/V 平均值±标准偏差	亚阈值斜率 /$V \cdot nF \cdot (dec \cdot cm)^{-1}$ 平均值±标准偏差	开关比
SiO_2	(2. 71)2. 35±0. 33	39. 93±4. 79	18. 26±6. 69	$2.14\times10^8 \sim 6.23\times10^7$
PTS/SiO_2	(4. 36)3. 67±0. 39	32. 32±10. 68	17. 92±2. 33	$4.28\times10^8 \sim 1.23\times10^8$
HMDS/SiO_2	(13. 02)9. 33±2. 65	24. 10±8. 24	16. 21±7. 78	$3.29\times10^9 \sim 1.63\times10^8$
OTS/SiO_2	(5. 57)4. 87±0. 44	35. 09±5. 42	17. 29±7. 04	$1.17\times10^9 \sim 1.11\times10^8$

利用半导体与绝缘层表面能相匹配的规律，使用 DNTT 单晶作为半导体层，在与 DNTT 半导体材料表面能匹配的 HMDS/SiO_2 绝缘层上获得了高达 13. 02cm^2/(V · s) 的迁移率。为此也对高迁移率产生的原因进行了探究，如图 4-12 所示。图 4-12 (a) 和 (b)，DNTT 单晶器件的场效应迁移率与绝缘层的粗糙度和整体表面能没有明显的相关性；而从图 4-12 (c) 中，同样在 DNTT 单晶器件上得到了半导体和绝缘层表面能分量匹配可以提高器件迁移率的规律；图 4-12 (d) 是根据 DNTT 单晶器件在不同绝缘层上的亚阈值斜率计算的浅缺陷密

度。得到了与第 2 章中 Ph5T2 单晶场效应晶体管相似的实验结果，在表面能匹配的绝缘层上，由于界面张力的减小，界面附近的浅缺陷密度越小，导致 DNTT 器件迁移率越高。

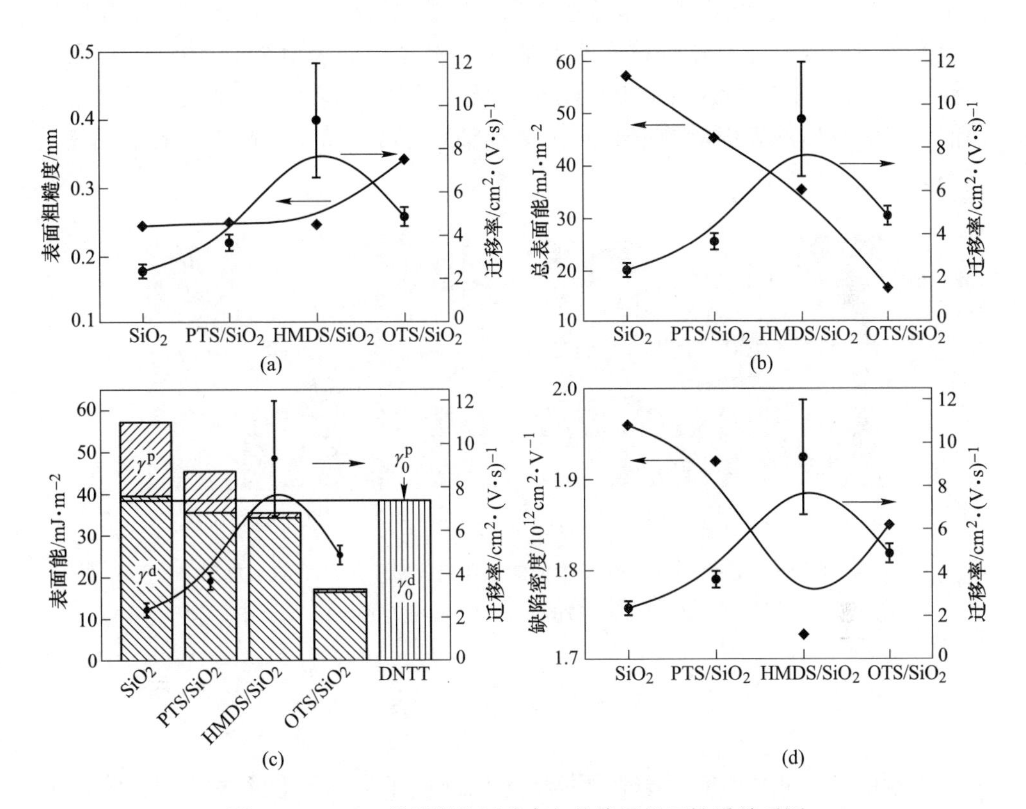

图 4-12 DNTT 单晶器件迁移率与绝缘层界面性质关系图

对比在具有不同表面能绝缘层上的器件迁移率，还发现同样是半导体和绝缘层表面能存在差异的情况下，DNTT 单晶场效应晶体管的器件迁移率，在大于半导体表面能的绝缘层（PTS/SiO_2）上要略低于在小于半导体表面能的绝缘层（OTS/SiO_2）的器件迁移率，DNTT 单晶场效应晶体管的迁移率分别为 3.67cm^2/(V·s) 和 4.87cm^2/(V·s)。分析原因可能是由于表面能不同的两种物质，在互相接触的时候，表面能高的起主导作用。如图 4-13 所示，当绝缘层的表面能大于半导体的表面能的时候（PTS/SiO_2），绝缘层会诱导半导体与绝缘层相互接触的界面（即导电沟道位置）表面能发生变化，由于此时半导体材料的表面能较低，处于被动改变的状态，就容易在导电沟道附近形成缺陷，增加浅缺陷密度，进而降低器件性能，这样对迁移率的影响较大；而当半导体的表面能大于绝缘层（OTS/SiO_2）时，半导体的表面能则处于主导的作用，会诱导与绝缘层相接触的界面的表面能发生变化，而由于绝缘层是热氧化形成的二氧化硅或是已经通过单分子修饰键合好的单分子层表面，不易发生变化，因此在导电沟道内形成的缺陷较少，对迁移率的影响较小；因此在 OTS/SiO_2 绝缘层上获得了比 PTS/SiO_2 绝缘层高的器件迁移率。同样在第 2 章中的 Ph5T2 单晶器件上也有类似的规律，对比同样是存在表面能差异的低表面能的 OTS/SiO_2 和高表面能的 MPT/SiO_2 绝缘层上 Ph5T2 单晶器件的迁移率，同样是当绝缘层的表面能低于半导体的表面能的情况下（OTS/SiO_2）可以获得较高一些的场效应迁移率。

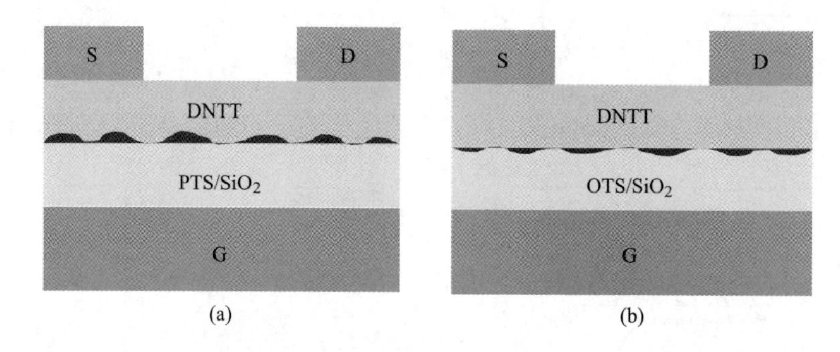

图 4-13　绝缘层和 DNTT 表面能存在差异时产生缺陷的示意图

（a）$\gamma_{PTS/SiO_2} > \gamma_{DNTT}$；（b）$\gamma_{OTS/SiO_2} < \gamma_{DNTT}$

4.5　本章小结

本章基于半导体和绝缘层表面能分量匹配利于提高迁移率的规律，测试了 DNTT 半导体表面能计算分量，并选取了与 DNTT 半导体材料表面能分量匹配的绝缘层制备了高迁移率的 DNTT 单晶场效应晶体管。主要结论如下。

（1）利用物理气相输运法生长了高质量的 DNTT 单晶，从 SEM 和光学显微镜照片数据中可以看出 DNTT 单晶纳米片具有规则的形状和均一的颜色，从 XRD 数据分析 DNTT 单晶具有良好的晶体结构，从 AFM 数据可以获得不同厚度的 DNTT 晶体。

（2）利用原子力显微镜和接触角测量仪对优化的 DNTT 薄膜进行测量，并通过计算选取 DNTT 半导体材料的表面能。

（3）基于半导体和绝缘层表面能匹配利于提高器件迁移率的规律，选取了与 DNTT 半导体表面能匹配的 HMDS/SiO_2 作为绝缘层，并利用机械转移的方式在绝缘层表面制备了 DNTT 单晶场效应晶体管。

（4）通过提高晶体纯度、选择最优的器件构型和选择与 DNTT 半导体表面能匹配的方式提高 DNTT 单晶场效应晶体管的器件迁移率。实验结果表明，DNTT

单晶场效应晶体管在 HMDS/SiO_2 绝缘层上获得了最高器件性能，迁移率最高为 13.02cm^2/（V·s），高于文献报道的最高值。

参 考 文 献

[1] Zschieschang U, Ante F, Yamamoto T, et al. Flexible low-voltage organic transistors and circuits based on a high-mobility organic semiconductor with good air stability [J]. Adv. Mater., 2010, 22 (9): 982-985.

[2] de Angelis F, Gaspari M, Procopio A, et al. Direct mass spectrometry investigation on pentacene thin film oxidation upon exposure to air [J]. Chem. Phys. Lett., 2009, 468 (4): 193-196.

[3] Winkler M, Houk K N. Nitrogen-rich oligoacenes: candidates for n-channel organic semiconductors [J]. J. Am. Chem. Soc., 2007, 129 (6): 1805-1815.

[4] Takimiya K, Yamamoto T, Ebata H, et al. Design strategy for air-stable organic semiconductors applicable to high-performance field-effect transistors [J]. Sci. Technol. Adv. Mater., 2007, 8 (4): 273-276.

[5] Jurchescu O D, Baas J, Palstra T T M. Effect of impurities on the mobility of single crystal pentacene [J]. Appl. Phys. Lett., 2004, 84 (16): 3061-3063.

[6] Lee J H, Kim G H, Kim S H, et al. Longevity enhancement of organic thin-film transistors by using a facile laminating passivation method [J]. Synth. Metals, 2004, 143 (1): 21-23.

[7] Kim W J, Koo W H, Jo S J, et al. Passivation effects on the stability of pentacene thin-film transistors with SnO_2 prepared by ion-beam-assisted deposition [J]. J. Vac. Sci. Technol B, 2005, 23 (6): 2357-2362.

[8] Han S H, Kim J H, Jang J, et al. Lifetime of organic thin-film transistors with organic passivation layers [J]. Appl. Phys. Lett., 2006, 88 (7): 073519.

[9] Jung H, Lim T, Choi Y, et al. Lifetime enhancement of organic thin-film transistors protected with organic layer [J]. Appl. Phys. Lett., 2008, 92 (16): 163504.

[10] Jurchescu O D, Popinciuc M, van Wees B J, et al. Interface-controlled, high-mobility organic transistors [J]. Adv. Mater., 2007, 19 (5): 688-692.

[11] 周建林，黄智勇，甘平，等. 基于聚合物电介质的并五苯场效应晶体管 [J]. 光电子·激光，2010，21 (4)：516-519.

[12] Dong J, Yu P, Arabi S A, et al. Enhanced mobility in organic field-effect transistors due to semiconductor/dielectric interface control and very thin single crystal [J]. Nanotechnology, 2016, 27 (27): 275202.

[13] Arabi S A, Dong J, Mirza M, et al. Nanoseed assisted PVT growth of ultrathin 2D pentacene molecular crystal directly onto SiO_2 substrate [J]. Cryst. Growth Des., 2016, 16 (5): 2624-2630.

[14] Ji D, Xu X, Jiang L, et al. Surface polarity and self-structured nanogrooves collaboratively oriented molecular packing for high crystallinity toward efficient charge transport [J].

J. Am. Chem. Soc. , 2017, 139 (7): 2734-2740.

[15] Meng H, Bao Z, Lovinger A J, et al. High field-effect mobility oligofluorene derivatives with high environmental stability [J]. J. Am. Chem. Soc. , 2001, 123 (37): 9214-9215.

[16] Merlo J A, Newman C R, Gerlach C P, et al. P-channel organic semiconductors based on hybrid acene-thiophene molecules for thin-film transistor applications [J]. J. Am. Chem. Soc. , 2005, 127 (11): 3997-4009.

[17] Ponomarenko S A, Kirchmeyer S, Halik M, et al. 1, 4-bis (5-decyl-2, 2′-bithien-5-yl) benzene as new stable organic semiconductor for high performance thin film transistors [J]. Synth. Metals, 2005, 149 (2/3): 231-235.

[18] Ponomarenko S A, Kirchmeyer S, Elschner A, et al. Decyl-end-capped thiophene-phenylene oligomers as organic semiconducting materials with improved oxidation stability [J]. Chem. Mater. , 2006, 18 (2): 579-586.

[19] Locklin J, Ling M M, Sung A, et al. High-performance organic semiconductors based on fluorene-phenylene oligomers with high ionization potentials [J]. Adv. Mater. , 2006, 18 (22): 2989-2992.

[20] Koppe M, Scharber M, Brabec C, et al. Polyterthiophenes as donors for polymer solar cells [J]. Adv. Funct. Mater. , 2007, 17 (8): 1371-1376.

[21] Ashimine T, Yasuda T, Saito M, et al. Air stability of p-channel organic field-effect transistors based on oligo-p-phenylenevinylene derivatives [J]. Jpn. J. Appl. Phys. , 2008, 47 (3): 1760-1762.

[22] Yamamoto T, Takimiya K. Facile synthesis of highly π-extended heteroarenes, dinaphtho [2, 3-b: 2′,3′-f] chalcogenopheno [3,2-b] chalcogenophenes, and their application to field-effect transistors [J]. J. Am. Chem. Soc. , 2007, 129 (8): 2224-2225.

[23] Uno M, Tominari Y, Yamagishi M, et al. Moderately anisotropic field-effect mobility in dinaphtho [2,3-b: 2′,3′-f] [2,3-b:2′,3′-f] thiopheno [3,2-b] [3,2-b] thiophenes single-crystal transistors [J]. Appl. Phys. Lett. , 2009, 94 (22): 223308.

[24] Haas S, Takahashi Y, Takimiya K, et al. High-performance dinaphtho-thieno-thiophene single crystal field-effect transistors [J]. Appl. Phys. Lett. , 2009, 95 (2): 022111.

[25] Xie W, Willa K, Wu Y, et al. Temperature-independent transport in high-mobility dinaphtho-thieno-thiophene (DNTT) single crystal transistors [J]. Adv. Mater. , 2013, 25 (25): 3478-3484.

[26] Knipp D, Street R A, Völkel A, et al. Pentacene thin film transistors on inorganic dielectrics: morphology, structural properties, and electronic transport [J]. J. Appl. Phys. , 2003, 93 (1): 347-355.

[27] 胡文平. 有机场效应晶体管 [M]. 北京: 科学出版社, 2011.

[28] Podzorov V. Organic single crystals: addressing the fundamentals of organic electronics [J]. Mrs Bull. , 2013, 38 (1): 15-24.

[29] Podzorov V, Menard E, Borissov A, et al. Intrinsic charge transport on the surface of organic semiconductors [J]. Phys. Rev. Lett. , 2004, 93 (8): 086602.

[30] Roberson L B, Kowalik J, Tolbert L M, et al. Pentacene disproportionation during sublimation for field-effect transistors [J]. J. Am. Chem. Soc., 2005, 127 (9): 3069-3075.

[31] Zeis R, Besnard C, Siegrist T, et al. Field effect studies on rubrene and impurities of rubrene [J]. Chem. Mater., 2006, 18 (2): 244-248.

[32] Bao Z, Lovinger A J, Dodabalapur A. Organic field-effect transistors with high mobility based on copper phthalocyanine [J]. Appl. Phys. Lett., 1996, 69 (26): 3066

[33] Zeis R, Siegrist T, Kloc C. Single-crystal field-effect transistors based on copper phthalocyanine [J]. Appl. Phys. Lett., 2005, 86 (2): 022103.

[34] Lee S, Koo B, Shin J, et al. Effects of hydroxyl groups in polymeric dielectrics on organic transistor performance [J]. Appl. Phys. Lett., 2006, 88 (16): 162109.

[35] Jurchescu O D, Popinciuc M, van Wees B J, et al. Interface-controlled, high-mobility organic transistors [J]. Adv. Mater., 2007, 19 (5): 688-692.

[36] Choia J M, Jeonga S H, Hwang D K, et al. Rubrene thin-film transistors with crystalline channels achieved on optimally modified dielectric surface [J]. Org. Electron., 2009, 10 (1): 199-204.

[37] Takeya J, Yamagishi M, Tominari Y, et al. Very high-mobility organic single-crystal transistors with in-crystal conduction channels [J] Appl. Phys. Lett., 2007, 90 (10), 102120.

[38] Carlo A D, Piacenza F, Bolognesi A, et al. Influence of grain sizes on the mobility of organic thin-film transistors [J]. Appl. Phys. Lett., 2005, 86 (26): 263501.

[39] Zhang Y, Dong H, Tang Q, et al. Mobility dependence on the conducting channel dimension of organic field-effect transistors based on single-crystalline nanoribbons [J]. J. Mater. Chem., 2010, 20: 7029-7033.

[40] Zhao X, Pei T, Cai B, et al. High ON/OFF ratio single crystal transistors based on ultrathin thienoacene microplates [J]. J. Mater. Chem. C, 2014, 2 (27): 5382-5388.